MANUEL

DE

L'AGRICULTEUR

DE L'INDRE

Par A. DE FERRIER.

CHATEAUROUX,

TYPOGRAPHIE ET LITHOGRAPHIE DE MIGNÉ.

MANUEL

DE

L'AGRICULTEUR

DE L'INDRE

Par A. DE FERRIER.

CHATEAUROUX,

TYPOGRAPHIE ET LITHOGRAPHIE DE MIGNÉ.

—

1854.

MANUEL

DE

L'AGRICULTEUR DE L'INDRE.

INTRODUCTION.

Beaucoup de propriétaires et de cultivateurs du Berri ont, assurément, des connaissances très étendues et très exactes sur les véritables principes de l'art agricole; et de nombreuses propriétés, parfaitement régies et donnant des résultats très avantageux, témoignent suffisamment de l'intelligence et de l'instruction de ceux qui les administrent.

Mais on ne saurait contester qu'il est malheureusement un très grand nombre d'autres cultivateurs qui ne paraissent avoir aucune idée des notions les plus élémentaires de l'agriculture, qui marchent au hasard et en aveugles dans cette voie si difficile à parcourir, même pour ceux qui cherchent la vérité, et qui, enfin, suivent avec une obstination fatale, les tristes errements de la routine et des préjugés.

Des hommes éclairés, amis du progrès et de la prospérité publique, ont, depuis longtemps, signalé les fâcheux résultats qui découlent invinciblement des méthodes vicieuses en usage dans ce pays. Ils ont, surtout, cherché à réformer le système du colonage partiaire, contrat aussi désastreux pour le propriétaire que pour le métayer, et cause, sans doute, du triste état de la culture dans ces contrées. Comment, en effet, un cultivateur qui sait qu'il peut être renvoyé, à chaque période de trois années, du domaine qu'il exploite, se livrera-t-il à des travaux d'amélioration dont le bénéfice ne peut lui être acquis qu'au bout de neuf ou douze ans et quelquefois davantage ; et, à supposer que les améliorations qu'il aura faites, puissent produire des fruits, pendant qu'il sera colon de cette métairie, il sera peu tenté de les exécuter à ses frais, puisqu'il doit, d'après la loi du colonage, ne percevoir que la moitié de la plus-value qui en résultera.

Le fâcheux exemple donné par cette classe de cultivateurs a, sans doute, malgré les conseils des vrais praticiens, entraîné dans cette voie fatale de nombreux imitateurs, car dans la majeure partie des exploitations du Berri, les mêmes défauts, les mêmes vices d'économie rurale s'y font remarquer.

Je pourrais en citer beaucoup ; je n'en indiquerai que quelques-uns, mais ils suffiront pour faire comprendre quelles profondes réformes il y aurait lieu d'introduire dans les habitudes de ces cultivateurs.

FUMIERS. — Ils sont insuffisants et de mauvaise qualité : insuffisants, parce que l'agent qui les produit, le bétail, n'est pas en rapport avec les besoins du domaine, et qu'on ne pourrait en nourrir davantage faute de fourrages, la prairie artificielle, qui seule en produit en grande abondance, n'occupant qu'une très faible surface du domaine. Peu de bestiaux, peu de fumier; peu de fumier, peu de récoltes ; le résultat est inévitable.

On parviendra à avoir plus de fourrages en diminuant la sole des céréales et en consacrant à la prairie artificielle la portion des terres enlevée aux céréales. Par cette distraction, la récolte des céréales n'en sera pas amoindrie, car, portant sur cette partie moins étendue tous les fumiers qu'on répandait autrefois sur une surface plus grande, on récoltera des produits au moins aussi abondants que ceux obtenus sur toute l'ancienne sole de ces céréales. Chacun sait, en effet, qu'un hectare bien cultivé et bien fumé, produit autant que deux hectares qui n'ont pas reçu les mêmes soins.

Le cultivateur trouve, en outre, dans cette manière d'opérer, un autre bénéfice, celui résultant de l'économie qu'il fait par la diminution des façons à donner aux terres et des frais de moissons; un terrain, garni d'abondantes récoltes, ne coûte pas plus à moissonner que celui qui n'offre que des produits chétifs.

La prairie artificielle, outre qu'elle augmentera la richesse en bestiaux du cultivateur, améliorera ses terres par le repos qu'elle leur procure, sans jachères, et il en résultera une production générale qui viendra progressivement lui apporter l'aisance et le bien-être qu'il cherche en vain, depuis longtemps, dans la méthode vicieuse qu'il suit pour l'exploitation de ses terres.

Les fumiers sont de mauvaise qualité, parce que de l'étable ils sont portés dans la cour de la ferme ou autre lieu découvert, où ils restent pendant huit à dix mois exposés à l'action de l'air, du soleil et de la pluie, et que leur principe fermentescible, qui n'est comprimé par rien, fait évaporer les gaz azotés qu'il a produits et ne laisse sur place qu'une substance morte, une espèce de terreau qui n'imprime plus aux plantes cette force de végétation et de vitalité qui seule peut en assurer le développement complet.

Si encore l'urine des bestiaux était recueillie, elle pourrait, répandue de temps en temps sur les fumiers, y déposer des sels qui, à défaut du principe azoté, donneraient aux plantes des substances qu'elles s'assimilent naturellement et qui concourent à leur végétation ; ou si, ne versant pas les urines sur les fumiers, on les transportait sur d'autres points, là où sont des prairies artificielles, des plantes sarclées, etc., on obtiendrait encore de grands résultats de cette opération, car l'expérience a démontré qu'un hectolitre d'urine, soit d'animaux, soit d'hommes, produit 80 kilog. de blé de plus que le sol n'en aurait donné sans cet agent.

Mais non, les urines se perdent, soit dans le sol des étables, soit dans les cours où elles forment des mares sales et malsaines, et d'utiles qu'elles pouvaient être, elles deviennent nuisibles.

Le jus qui découle du fumier et que les pluies augmentent, n'étant pas plus recueilli que les urines, entraîne aussi avec lui la plus grande partie des principes fécondants que contenait ce fumier.

LABOURS. — Ils sont généralement mal faits, ne sont pas assez répétés et sont souvent donnés en temps inopportun.

Et d'abord, la charrue sans avant-train, en usage dans ce pays, opère mal dans les terres fortes ou dans celles moins compactes, mais pleines de racines pivotantes ou durcies par l'action prolongée de la sécheresse. Cette dernière circonstance se montre fréquemment dans ces contrées, où la jachère est encore en honneur. On verra au chapitre du choix des instruments aratoires, pourquoi cette charrue fonctionne mal.

Puis, l'on se contente, même pour les plantes qui recherchent un sol très ameubli, de deux labours, quand il en faudrait quatre et quelquefois davantage.

Les façons qu'on donne ne s'exécutent pas toujours au moment opportun, ou à des époques assez éloignées les unes des autres, pour que les herbes retournées par un premier labour, aient eu le temps de pourrir avant que le second labour ait lieu.

Elles sont ainsi souvent ramenées à la surface du sol, où la puissance des agents atmosphériques leur rend bientôt leur vigueur première.

Une autre très fâcheuse habitude chez beaucoup de cultivateurs du Berri, c'est de faire succéder une céréale à une céréale, l'avoine au blé. C'est jeter la semence de la seconde céréale dans une terre envahie par les mauvaises herbes et épuisée par la plante la plus avide peut-être de principes organiques et minéraux.

Ces agriculteurs ignorent, probablement, que l'on n'obtient de si belles récoltes d'avoine en Belgique et dans le Nord de la France, que parce que cette céréale vient après une récolte sarclée abondamment fumée ; que les nombreux binages et sarclages qu'ont reçus ces racines, ont admirablement préparé le sol pour la végétation de la céréale, en l'ameublissant et en le purgeant de toutes les mauvaises herbes qu'il renfermait ; que la quantité d'engrais que laisse encore dans la terre cette culture sarclée est très supérieure à celle qu'on y trouve après l'enlèvement du blé, et qu'ainsi, même l'ameublissement du sol, si dangereux pour le blé, lorsqu'il est poussé à l'extrême, mais si favorable à l'avoine, tout concourt à placer cette dernière céréale dans les conditions les plus avantageuses qu'elle puisse rencontrer, en la faisant succéder à une culture sarclée.

Ces cultivateurs ignorent encore que le blé n'aime pas, comme on le croit généralement, une fumure nouvelle qui, lorsqu'elle est très abondante surtout, rend cette céréale sujette à verser.

Le blé, pour donner de beaux produits, doit succéder aux récoltes suivantes : trèfle et sainfoin bien réussis et défrichés de bonne heure ; prairies naturelles, luzernes défrichées en été, pois, vesces, fumés et coupés en vert ; féveroles fumées et binées ; maïs, pommes de terre précoces, fumés et binés. Seulement après ces deux dernières récoltes, il faut remplacer les engrais alcalins absorbés par elles, par des engrais qui rendent au sol ce qu'il a perdu. Ces engrais qui sont les tourteaux, les touraillons, la colombine, le guano, la poudrette, la suie, les cendres, etc., ne doivent s'appliquer qu'après l'hiver, parce que les pluies de cette saison entraîneraient leurs principes très solubles.

Je ne m'appesantirai pas davantage sur ce point.

Ce qui, en général, fait défaut chez les cultivateurs de ce pays, c'est : d'une part, le capital nécessaire à l'exploitation qu'ils entreprennent ; et de l'autre, les connaissances pratiques désirables. Il ne manque pas d'ouvrages spéciaux d'agriculture, mais ils sont écrits, pour le plus grand nombre, au point de vue de lecteurs érudits. Quant aux cultivateurs proprement dits, ils n'ont d'autre guide que l'usage du pays, et ils sont en défiance contre toute innovation dont ils ne peuvent comprendre le mérite.

Si cet ouvrage, simple dans sa forme, sans prétention scientifique et qui ne renferme que ce qu'il est indispensable à tout agriculteur de connaître pour l'exploitation ordinaire d'un domaine, tombe entre les mains de quelques-uns d'entre eux, peut être me sauront-ils gré de l'avoir écrit.

Pour moi, j'aurai, en le publiant, cédé simplement aux mouvements de mon cœur qui me portent à chercher à être utile à mes semblables et qui ont dirigé mes efforts, en cette circonstance, vers le but qu'il m'est le plus particulièrement agréable d'atteindre.

Les ouvrages dans lesquels j'ai puisé quelques-unes de mes définitions et qui m'ont fourni la base des comptes de culture des plantes introduites dans mon assolement, sont de MM. Payen et Richard, Girardin et Dubreuil. Ces noms offrent, je le pense, toutes les garanties désirables aux agriculteurs auxquels je m'adresse, car ils appartiennent à des hommes placés à la tête de la science agricole, non-seulement comme chimistes et théoriciens, mais encore comme praticiens habiles et expérimentés.

OBSERVATIONS GÉNÉRALES.

Le caractère général des terres de l'Indre est un mélange sablo-argileux se montrant dans des proportions très variées, mais manquant partout, à la surface, de l'élément calcaire.

Les terrains qui, comme ceux de la Brenne et de quelques autres contrées de même nature, sont tantôt purement argileux, tantôt composés d'un sable maigre assis, en couche peu épaisse, sur un sol glaiseux et qu'on voit, les uns comme les autres, couverts d'eau pendant l'hiver, brûlants et desséchés en été, ne sont qu'une exception dans le département, qui présente, partout ailleurs, un sol propre à toute espèce de culture, lorsqu'il reçoit les soins qui lui sont nécessaires.

La première chose, donc, à faire pour rendre aux terres épuisées ou à celles nouvellement mises en culture, la fertilité qui leur manque, c'est d'y introduire l'élément calcaire, la marne.

Cet expédient est très connu et très pratiqué dans ce pays; aussi, je n'en parle ici que pour indiquer le mode d'application qu'il faut employer pour obtenir de cet amendement des résultats vraiment avantageux.

MARNAGE. — La marne du pays, telle qu'on la livre habituellement, est mêlée à une assez grande quantité de pierres dures, dites rognons calcaires, inattaquables par l'eau ou l'air. Il s'y trouve également des parties terreuses n'appartenant pas à la matière marneuse.

On peut compter pour un cinquième du volume total, la quantité de ces substances étrangères.

Plus de surveillance et de sévérité de la part de ceux à qui cette marne est conduite, mettraient fin à ces livraisons abusives.

D'un autre côté, l'analyse chimique à laquelle on a soumis les marnes de l'Indre, a démontré qu'elles ne contiennent pas plus de 60 p. 0/0 de carbonate de chaux, c'est-à-dire qu'un mètre cube de marne, si cette matière était sans mélange, produirait 60 centimètres cubes ou 6 hectolitres de carbonate.

En outre, on sait que les plantes cultivées dans les terrains où se trouve l'élément calcaire, en absorbent 30 p. 0/0 de leur poids, à l'état sec, et que la végétation produite sur la surface d'un hectare, consomme, avec les infiltrations pluviales, un hectolitre de ce carbonate.

De ces précédents on peut tirer la conclusion qu'il faut environ 10 hectolitres de marne pure, chaque année, pour entretenir la fécondité du sol de nos contrées.

Ceux qui la reçoivent dans l'état de mélange que j'ai indiqué tout-à-l'heure, devront ajouter à cette quantité un cinquième en sus.

On voit de suite, par cet exposé, dans quelle proportion il faut marner une terre, pour que l'effet de cet amendement dure un certain nombre d'années. Si l'on veut, je le suppose, qu'il subsiste pendant dix années, il faudra employer dix fois la quantité qu'use le sol chaque année, c'est-à-dire 100 hectolitres ou 10 mètres cubes. Pour une durée de quinze ans, ce serait 150 hectolitres ou 15 mètres cubes.

Mais, outre la quantité de marne nécessaire pour réparer, chaque année, la perte occasionnée par la succion des plantes et l'entraînement des eaux pluviales, il faut que cet amendement soit donné à la terre dans des proportions telles qu'il puisse la diviser si elle est trop compacte, ou la rendre moins poreuse si elle est légère ou sableuse: on a reconnu que, pour remplir ce but, il faut 40 mètres cubes de marne à l'hectare.

Les frais de marnage coûteront alors 120 fr., en admettant qu'en moyenne le mètre cube de marne, pris sur place, coûte 3 fr. Si l'on doit payer son transport, il y a lieu d'ajouter 2 fr. par mètre cube, pour une distance moyenne de 1 kilomètre.

BESTIAUX, FUMIERS ET COMPOSTS.

BESTIAUX.— Il est reconnu qu'il faut une tête de gros bétail pour fumer deux hectares ou, ce qui revient au même, pour fertiliser un hectare de terre pendant deux années.

Il est également admis qu'une tête de gros bétail a besoin, pour son alimentation, des produits entiers d'un hectare.

Et, tout d'abord, je dirai qu'on entend par tête de gros bétail :

Un bœuf ou une vache;
Deux veaux de un à trois ans ;
Un cheval ou une jument;
Deux poulains de deux à quatre ans ;
Dix moutons ou brebis ;
Vingt agneaux de l'année ;
Quatre porcs ou truies.

Ainsi, il est donc reconnu qu'en culture bien entendue, il faut autant de têtes de gros bétail que la moitié du nombre d'hectares de terres dont se compose un domaine ; et que cette moitié du domaine doit être consacrée exclusivement à la production des plantes propres à la nourriture des bestiaux.

Dans l'assolement quadriennal que je propose, comme le plus propre à remplir les conditions d'une bonne exploitation, on voit, en effet, la première sole cultivée entièrement en racines destinées spécialement aux bestiaux, et la troisième sole, celles des prairies artificielles, recevoir la même destination.

Les deux autres soles fournissent des denrées commerciales qui, à l'exception des pailles, n'entrent pas dans l'alimentation des bestiaux et ne retournent pas directement au sol qui les a produites.

La superficie d'un hectare de terre a été reconnue nécessaire pour l'alimentation d'une tête de gros bétail, parce que l'hectare de terre, quelle que soit la culture à laquelle on l'ait soumis, ne donne guères plus de 6,000 kilog. de matière sèche et que cette quantité est au moins nécessaire pour la nourriture de cette tête.

On est loin, je le sais, de donner, dans les fermes de ce pays, une nourriture aussi abondante aux bestiaux ; mais c'est là une faute grave d'où découlent tous les mécomptes dont sont atteints leurs propriétaires ou colons. Tantôt les bestiaux que l'on a achetés maigres, pour les revendre gras, quelques mois après, privés de la nourriture appropriée à leurs besoins, au lieu d'apporter un bénéfice, réalisent une perte ; tantôt ce sont des récoltes sur la beauté desquelles on comptait, pour s'indemniser d'une perte éprouvée d'un autre côté, qui, au lieu de remplir ce but, sont maigres et d'un faible produit, parce que les bêtes, mal nourries, n'ont donné qu'une petite quantité de fumiers et que cette insuffisance d'engrais a amené les résultats qu'elle devait produire.

Nourriture des bestiaux. — J'ai dit qu'il faut au moins la valeur de 6,000 kilog. de fourrage sec, pour la nourriture d'une tête de gros bétail, pendant une année.

En effet, cette tête doit consommer :

360 bottes de 10 kilog. de fourrage sec, ou leur équivalent, pendant l'hiver, soit 20 kilog. par jour, pendant six mois.

600 bottes de 25 kilog. de fourrage vert, pour l'été, lesquelles équivalent à 240 bottes de 10 kilog. de fourrage sec.

Les racines sont ici, comme les fourrages verts, ramenées de leur poids aqueux à celui du fourrage sec.

On verra à l'état de produit de chacune des plantes introduites dans mon assolement, le rapport du poids des substances vertes à celui du fourrage sec.

J'ajouterai aux quantités ci-dessus indiquées, différents autres produits obtenus des cultures qui n'ont pas figuré parmi ceux provenant des deux soles dont il vient d'être question, et livrés, en augmentation de subsistance, aux bestiaux; tels sont l'avoine, les tourteaux, les farines, administrés aux bêtes à l'engrais ; le son, le gland et les débris du jardinage, aux porcs; les menus grains, aux volailles, etc.

FUMIER FOURNI PAR LES BESTIAUX. — Je vais examiner ici quelle est la quantité de fumier que doit rendre une tête de gros bétail bien nourrie, et, si ce volume, auquel viendront se combiner les pailles de litière ou celles absorbées par quelques animaux, peut fumer, non pas, je l'ai annoncé déjà, deux hectares, mais un hectare pour deux récoltes successives.

La quantité de fumier étant, en général, au moins le double du produit du fourrage consommé et de la paille fournie pour la litière ou la nourriture des animaux, on aura :

Fourrage sec ou son équivalent en matière verte. 6,000 kilog.
Avoine, tourteaux, farine, etc............... 2,400.
Paille de consommation et de litière.......... 3,600.

Total.......... .... 12,000 kilog.

Ces 12,000 kilog. de fourrages, racines, pailles, etc., donneront, d'après ce que j'ai dit ci-dessus, 24,000 kilog. de fumier qui serviront non-seulement à produire sur un hectare, d'abondantes récoltes, l'année où on les aura mis en terre, mais dont l'effet se prolongera sur la récolte suivante, comme cela se voit pour les céréales de mars qui succèdent aux plantes sarclées ou pour les blés qui suivent les trèfles fumés.

De ce qui précède ressort cette conclusion :

Que si l'on n'obtient pas d'une tête de gros bétail la quantité de fumier sus-indiquée, c'est qu'on ne lui a pas donné une nourriture assez abondante. Il faut alors soit augmenter la ration première des animaux, soit avoir un plus grand nombre de bestiaux, et cela, jusqu'à ce qu'on obtienne les quantités d'engrais nécessaires aux terres.

Sans doute, au premier coup d'œil, il doit paraître plus simple et plus rationnel de mieux nourrir les bestiaux qu'on possède, que d'en acheter de nouveaux pour les nourrir aussi médiocrement que les premiers. Mais l'usage du pays étant de se servir, pour les travaux des champs, de bœufs auxquels on adjoint habituellement quelques chevaux, les animaux sont forcément hors des étables et écuries, la plus grande partie de l'année, et dès-lors, leurs déjections, quelqu'abondante que soit leur nourriture, sont perdues pour les fumiers de basse-cour. Le nombre des animaux ainsi enlevés à la fabrication des fumiers formant les 2/3 au moins de la totalité des bestiaux de la ferme, il devient évident qu'il faut suppléer à l'insuffisance de leurs produits par une quantité d'animaux équivalente au besoin d'engrais que l'on éprouve.

Voici, du reste, quelques données qui feront connaître quelle quantité de fumier produit chaque bête, suivant l'état dans lequel elle est tenue :

Bœuf à l'engrais, ne sortant pas.	25,860 kilog.
Bœuf de trait, la moitié du temps dehors. . .	9,125.
Vache laitière maintenue à l'étable.	19,500.
Vache sortant.	11,000.
Cheval de trait.	12,250.
Mouton adulte ou brebis, restant 6 mois dehors.	922.
Porc ou truie.	12,350.

Répartition des fumiers. — Les fumiers ne se répartissent pas également sur les deux cultures auxquelles ils doivent être appliqués chaque année.

La sole des plantes sarclées doit en obtenir les 2/3, parce que les racines ont besoin d'une très grande quantité de substances alimentaires, tandis que la sole des prairies artificielles, dont les produits enfouis en vert ou après la seconde coupe, apportent au sol une bonne demi-fumure, se contenteront du tiers restant des fumiers et donneront encore à la culture du blé, qui lui succède, une quantité d'engrais très suffisante pour la végétation productive de cette céréale.

On sait que le mètre cube de fumier normal, c'est-à-dire ayant quatre ou cinq mois d'entassement, pèse de 800 à 900 kilog. suivant qu'il est plus ou moins chargé d'urine.

On pourra ainsi se régler sur cette donnée, pour connaître le nombre de charretées nécessaires pour obtenir le poids de 32,000 kilog. que réclame la première sole, ou de 16,000 kilog. que demande seulement la troisième.

Soins à donner aux fumiers. — La meilleure méthode pour obtenir de bons résultats des fumiers, c'est de les transporter dans les terres tous les douze ou quinze jours et de les enfouir aussitôt par un labour ordinaire ; de cette façon, la fermentation des matières organiques s'opère dans le sol et y laisse les agents de végétation nécessaires au développement des plantes; principe que le long séjour de ces engrais dans les cours des fermes leur fait perdre presque entièrement.

Mais si l'on ne peut, par suite d'empêchement quelconque, employer les fumiers de cette manière, il faut alors agir de façon à ce qu'ils ne perdent pas, par leur exposition trop longue à l'air et au soleil, les principes dont je viens de parler et à ce que, lors de leur emploi tardif, ils remplissent encore le but auquel ils sont destinés.

Ce moyen consiste à étendre sur le terrain destiné à recevoir le fumier, une masse de 2,500 kilog. environ, sur une épaisseur de 0 m. 50 c. Sur cette quantité de fumier, on répand de 20 à 25 litres de plâtre cuit, en poudre.

On répète l'entassement du nouveau fumier sur cette couche de plâtre, d'une épaisseur égale à la première. On saupoudre cette seconde couche d'un nouveau lit de plâtre. On continue à opérer ainsi jusqu'à une troisième couche donnant une hauteur totale de 1 m. 50 c. à laquelle on s'arrête. On a soin de répandre sur cette dernière couche de fumier une dernière dose de plâtre, du double d'épaisseur des deux premières, c'est-à-dire de 45 ou 50 litres. Le tas de fumier achevé et ainsi couvert, on agit de même pour les nouveaux fumiers qu'on sort des étables, jusqu'à un mois environ avant la saison des couvrailles, parce que le fumier, ainsi préparé, qui n'aurait pas le temps nécessaire pour subir l'influence du plâtre, ne produirait aucun effet particulier.

Le fumier plâtré, employé à la même dose que le fumier ordinaire, fait produire au blé un tiers de récolte en plus de paille et de grain. Le trèfle semé dans ce blé, offre, peu après, une belle végétation, et un an après, il peut déjà, à l'automne, après l'enlèvement de la céréale, surtout s'il survient quelques pluies à cette époque, donner des produits assez beaux. L'année suivante, il fournit aussi un tiers de récolte en plus que le trèfle plâtré à la méthode ordinaire.

Le fumier plâtré depuis deux mois vaut mieux que celui qui l'est depuis six mois, mais ce dernier est préférable et produit plus d'effet que celui employé frais et qui n'aurait pas reçu le bénéfice de cet amendement.

Ainsi, le cultivateur qui emploie des fumiers mal conditionnés, dont l'action fertilisante est épuisée avant de les conduire dans ses terres, est bien coupable, puisqu'il peut, à si peu de frais et en si peu de temps, sauver ce qu'il y a, peut-être, de plus important pour lui dans sa culture.

Les récoltes qui succèdent au blé et au trèfle se ressentent des effets du fumier plâtré pendant trois ans, lesquels joints aux deux années précédentes, font un total de cinq années successives, et toujours ces récoltes sont d'un tiers supérieures aux récoltes fumées avec le fumier ordinaire.

COMPOSTS. — Comme la paille fait assez généralement défaut dans la plupart des fermes, il faut remédier à l'insuffisance de ce genre de litière, par les bruyères, si abondantes dans ce pays, par les fougères, les genêts, les ajoncs, les roseaux croissant dans les étangs, très multipliés dans ce département. Seulement, ces diverses plantes doivent être employées vertes, parce que, sèches, elles se décomposent plus difficilement. Si on les employait sèches, ce qui arrive en hiver, on hâterait leur décomposition dans le fumier, en les mélangeant avec de la chaux et de la manière indiquée pour le fumier plâtré.

La chaux, dans cette hypothèse, s'emploie à la même dose que le plâtre pour le cas précédent. Seulement il faut qu'elle ne soit pas éteinte, mais en poudre et telle qu'on la reçoit des fabricants, pour l'employer aux constructions.

LITIÈRE. — La quantité de litière doit être proportionnée à celle de la nourriture consommée : pour un cheval, 10 kilog. par jour ; pour une bête bovine, 12 à 15 kilog.; pour les porcs, plus encore, en raison de la grande quantité d'urine qu'ils rendent. Quant aux moutons, leurs crottins étant secs, ce n'est que pour recueillir leurs urines et les tenir sainement, qu'on leur fournit de la litière, et pour ceux-ci, il y a, parfois, avantage à la remplacer par de la terre bien sèche qu'on enlève pour la conduire dans les champs.

Plus la nourriture des animaux est substantielle et sèche et plus les excréments contiennent d'azote et de sels amoniacaux, c'est-à-dire plus ces matières ont d'énergie et de pouvoir fertilisant.

Les bêtes à cornes ayant généralement une alimentation plus aqueuse que les autres bestiaux, produisent des fumiers plus frais, moins actifs. On remédie à leur peu d'énergie en les mêlant avec les fumiers de chevaux, de moutons, avec la fiente de pigeon, de volailles, etc.

Les fumiers produits par les porcs sont aussi peu actifs.

PURIN. — Je ne dois pas oublier de rappeler ici que l'abandon que l'on fait du purin ou urine des animaux, qui va se perdre dans les cours, chemins, etc., est une faute grave. Cette urine pourrait être recueillie dans une fosse placée près du tas de fumier, ou dans un fossé qui l'entourerait. On pourrait alors s'en servir pour arroser les fumiers, lorsqu'ils sont trop secs, ou la transporter dans les prés qui produiraient, par l'effet de cet excitant, de grandes quantités de fourrages en plus de ce qu'ils donnent habituellement. Chaque hectolitre d'urine perdue, on le sait, enlève au cultivateur 80 kilogrammes de blé ou de toute autre récolte équivalente.

INSTRUMENTS ARATOIRES.

Je vais dire maintenant quelques mots des instruments aratoires, en usage dans les pays de grande culture et dont l'emploi ne serait pas sans avantage dans nos contrées, soit par les meilleurs résultats qu'on obtient de leur usage, soit par la grande économie de temps et de main-d'œuvre qu'ils apportent dans les travaux.

CHARRUE DE DOMBASLE à avant-train : Cette charrue conviendrait mieux à la nature de nos terres fortes que celle sans avant-train, en usage. Elle prend moins de terre à la fois, et la divise, en conséquence, plus facilement que celle sans avant-train qui marche très inégalement, s'enfonce tantôt profondément, tantôt ne fait qu'effleurer le sol; la charrue à avant-train a encore l'avantage de moins fatiguer le laboureur, et demande moins d'habileté de sa part, puisqu'il ne fait que tenir le manche de la charrue, sans avoir besoin de faire emploi de toutes ses forces, soit pour faire pénétrer le soc en terre, soit pour régler le mouvement très saccadé de cet araire.

S'il s'agit d'opérer un défrichement ou un labour profond, ayant pour but de ramener une partie de la couche argileuse du sous-sol à la surface, on emploie avec succès la charrue de M. Rosé, mécanicien, à Paris.

Le SCARIFICATEUR est un instrument propre à fendre et à ameublir la terre sans la retourner. — Il s'emploie particulièrement pour arracher les racines de chiendent ou d'autres plantes à racines profondes, à les ramener sur le sol où elles se dessèchent. On opère aussi économiquement les seconds labours et ceux de semailles ; on peut encore, avec cet instrument, effectuer une sorte de binage peu coûteux, entre des lignes assez distancées de plantes sarclées.

L'EXTIRPATEUR : Instrument très avantageux pour préparer la terre, d'où l'on vient d'enlever une récolte de céréales, opération que ne pourrait faire, en raison de la dureté du sol, à cette époque de l'année, une charrue ordinaire. L'extirpateur fend la terre et met à découvert les racines des plantes nuisibles qui se dessèchent au soleil et sont facilement ramassées ensuite, à la surface, avec une herse à dents de fer.

Le RAYONNEUR qui sert à tracer les lignes où l'on doit planter ou semer, soit des racines, soit des plantes oléagineuses.

Le SEMOIR HUGUES : Instrument qui trace le sillon, répand la graine à la distance et à la quantité voulues, et la recouvre, le tout d'un seul coup, ou en même temps.

Le SEMOIR A BROUETTE : Instrument qui sème sans rayonner, ni recouvrir la graine.

Le BUTTOIR : Instrument propre à butter les pommes de terre, les betteraves et qui évite une main-d'œuvre considérable.

La HOUE A CHEVAL, qui sert à biner les terrains où l'on a semé ou planté en lignes et qui fait, en un jour, l'ouvrage de dix hommes.

Le BATTEUR DE GRAINS : Instrument qui bat, par jour, 600 gerbes de blé, avec cinq hommes et deux chevaux ; économie d'argent et de temps.

EXPLOITATION D'UN DOMAINE.

J'ai parlé plus haut de la quantité de bestiaux nécessaire pour la bonne exploitation d'un domaine, en indiquant seulement qu'il faut au moins une tête de gros bétail pour deux hectares de terres ou prés, etc.; mais il n'est pas indifférent que la composition de ces bestiaux soit faite au hasard et il est nécessaire de maintenir chacune des espèces d'animaux que l'on veut avoir, dans la proportion que je vais indiquer.

Pour que les explications qui vont suivre soient saisies plus aisément, je vais m'appuyer sur un chiffre déterminé de contenance d'un domaine. Il sera facile, en partant de cette base, de se régler pour une plus ou moins grande superficie.

Soit un domaine de cent hectares, dont dix hectares en prés naturels, qu'il y a lieu de garnir des bestiaux nécessaires à son exploitation et d'assoler de manière à ce que :

1° Ces animaux y trouvent une nourriture assez abondante appropriée à leurs besoins ;

2° Ces terres reçoivent les quantités et qualités d'engrais utiles pour leur assurer une constante fertilité ;

3° Pour qu'enfin les capitaux engagés par le propriétaire ou le fermier dans cette entreprise, rapportent à ceux-ci, le bénéfice sur lequel leur intelligence et leur activité ont le droit de compter.

Et d'abord, je dirai que, grand partisan du vieil usage qu'avaient nos pères de cultiver la terre avec des bœufs, je mets l'espèce bovine à la tête de mes bestiaux et lui donne la plus large part dans la distribution que je fais des animaux devant composer mon cheptel.

Tout est, en effet, à l'avantage de ces animaux ; ils sont moins sujets aux maladies et accidents de claudication que les chevaux, ils se remettent plus facilement de ces boiteries, ils coûtent peu de nourriture ou du moins ils se contentent d'une nourriture plus commune et moins coûteuse. Point de ferrage pour eux, ni aucun frais d'harnachement ; un attelage que le premier garçon de ferme peut établir. Deviennent-ils enfin vieux ou infirmes, ils se vendent, après trois ou quatre mois de repos et d'engrais, plus qu'ils n'ont coûté, car ils ont pris du corps et des proportions plus fortes que lorsqu'on les a achetés, l'usage étant toujours d'acheter un bœuf jeune ou maigre. Si leur travail est plus lent que celui des chevaux, il peut chaque jour se prolonger quelques heures de plus ; et d'ailleurs les bœufs n'excluent pas les chevaux, utiles pour les ouvrages qui demandent plus de célérité.

Je donnerai au domaine dont je viens de parler, les bestiaux suivants :

16 bœufs de travail âgés de 5 à 8 ans ;

8 chatrons ou jeunes bœufs de 3 à 4 ans, destinés à remplacer les vieux bœufs vendus gras ;

10 vaches laitières, dont tous les beaux produits seront conservés pour former les successeurs des vaches et bœufs vendus;

4 juments poulinières ;

200 moutons ou brebis, ou mieux, moitié l'un, moitié l'autre;

4 truies, un verrat.

Ces bestiaux , en suivant les principes admis généralement et qui sont basés sur la nourriture que chacun d'eux consomme annuellement , ne représentent que 54 têtes de gros bétail qui peuvent facilement être nourris sur les terres du domaine , si on les cultive de la manière que j'ai dite plus haut , c'est-à-dire si on en attribue la moitié à l'alimentation des bestiaux.

On verra par l'état d'assolement que je donnerai bientôt , que les produits à obtenir de cette culture sont très suffisants pour remplir ce but.

J'ai dit qu'il faut, pour nourrir une tête de gros bétail :

1° L'équivalent de 6,000 kilog. de fourrages secs ;

2° 2,400 kilog. en avoine, tourteaux , etc.;

À ces quantités de substances nutritives il faut ajouter :

3° 3,600 kilog. de paille, tant pour nourriture que pour litière.

Soit un total de 12,000 kilog. de matière sèche.

Or, les 54 têtes de gros bétail que j'indique comme devant faire le fonds de cheptel d'une ferme de 100 hectares, consommeront 54 fois la quantité de fourrages , racines, pailles, etc., ci-dessus énoncée, soit, 810,000 kilog. de toutes substances, y compris la litière des écuries.

Voyons maintenant si le domaine, assolé comme je l'ai dit plus haut , pourra fournir la nourriture réclamée par les bestiaux qui le garnissent.

Si des 100 hectares de terres de toute nature composant la propriété, en retranche 10 hectares pour les prés naturels qui sont en dehors de la rotation normale , il reste 90 hectares cultivables. Le quart de cette quantité sera seulement affecté à chacune des soles ou des cultures diverses qui forme l'ensemble de l'assolement.

Ce sera donc 22 hectares 50 ares que l'on aura pour chacune de ces soles.

Prenant le produit de la première sole , ou première année de la rotation, celle des plantes racines sarclées, nous trouvons qu'il peut-être évalué, en moyenne, à 20,000 kilog. à l'hectare, soit pour 22 hectares 50 centiares une quantité de 450,000 kilog.

2.

Cette sole, comme on se le rappelle, comprend la culture des betteraves, pommes de terre, carottes, panais, navets, etc.

Passant à la troisième année de la rotation, celle qui embrasse la culture des prairies artificielles, vesces, jarrousses, etc., nous trouvons encore qu'en prenant la moyenne de cette récolte, qui a presque toute deux coupes et bien souvent trois, pour 10,000 kilog. à l'hectare, on a un total de 220,000 kilog. de fourrage.

Les 10 hectares de prés naturels, en ne les portant qu'à 2,500 kilog. par hectare, nous fourniront encore 25,000 kilog., voilà donc 695,000 kilog. de substances alimentaires trouvées dans les deux soles que nous venons de prendre et qui devaient, en effet, fournir aux bestiaux leur nourriture.

En accordant à chaque tête de gros bétail 11,400 kilog. de nourriture de toute espèce, j'ai été au-delà du nécessaire ; mais j'ai dû calculer ainsi, en raison des mécomptes qui se produisent si souvent dans l'agriculture.

Quoiqu'il en soit, 54 têtes de gros bétail, consommant chacune 11,400 kilog. de produits alimentaires, par an, nous trouvons un total de 615,600 kilog. pour leur consommation totale.

On a récolté 695,000 kilog. de ces substances, on est donc largement au-dessus des besoins des bestiaux.

Pour arriver à obtenir la masse d'engrais dont j'ai besoin, j'ai dû compter la paille des céréales que s'assimilent, pour une partie, certains animaux, et qui, pour d'autres, ne sert que de litière. Les 22 hectares 50 centiares de céréales de mars, à un rendement moyen de 3,500 kilog. de paille, à l'hectare, donneront 78,750 kilog. Les 22 hectares 50 ares de céréales d'hiver, à un rendement moyen de 4,000 kilog. par hectare, en fourniront 90,000 kilog., ce sera donc pour les deux soles 168,750 kilog. Or, nous avons vu que chaque tête de gros bétail portée pour 8 à 10 kilog. de paille par jour, ce qui est évidemment exagéré, en consommera 2,880 kilog. par année, soit 155,520 kilog. pour les 54 têtes ; je suis donc encore, de ce côté, au-dessus de la consommation la plus élevée qui puisse se faire par les bestiaux. La justesse de ce mode d'exploitation est ainsi prouvée par la sûreté de ses résultats.

J'ai maintenant à faire connaître comment le propriétaire d'un domaine de la contenance supposée de 100 hectares doit régler son exploitation, pour obtenir les résultats que j'ai annoncés. Je ferai suivre cet exposé du mode de culture que réclame chacune des plantes qui entrent dans mon assolement. La balance des frais et des produits de chaque variété terminera l'article qui le concerne.

Les 90 hectares dont se composent les terres arables du domaine, non compris les 10 hectares de prés naturels, divisés en quatre soles, donnent 22 hectares 50 centiares par sole.

PRODUIT DE LA CULTURE.

1re SOLE.

22 h. 50 c. en plantes sarclées divisées comme il suit :

4 hectares en betteraves,   pour la ferme.
4   id.   en pommes de terre,   id.
2   id.   en maïs,   id.
4   id.   en raves et navets,   id.
2   id.   en topinambours,   id.
2   id.   en carottes,   id.
1   id.   en féverolles,   id.
2   id.   en choux de Poitou ou
            choux raves ,   id.
1 h. 50 c. en haricots, pois, lentilles, etc., id.

2me SOLE.

22 h. 50 c. en céréales de mars, savoir :

18 hect. en avoine, rendant en moyenne 25 hec-
        tolitres à l'hectare, soit 450 hectolitres
        à 5 fr. l'un , ci.................. 2,250 fr.
4 h. 50 c. en orge, rendant en moyenne 22 hectol.,
        soit 99 hectolitres à 8 fr. l'un, ci.... 792

3me SOLE.

22 h. 50 c. de prés artificiels, trèfle , etc. , pour la
        ferme.

4me SOLE.

22 h. 50 c. de céréales d'hiver et plantes indus-
        trielles , savoir :

18 hectares en froment, rapportant, en moyenne ,
        15 hectol. à l'hectare, soit 270 hectol.
        à 15 fr. l'un , ci..................... 4,050 fr.
1   id.   en seigle , rapportant , en moyenne ,
        20 hectol. à 10 fr., soit.......... 200
3 h. 50 c. en navette , rendant en moyenne 15
        hectol. à l'hectare, soit 52 hectol. 17
        litres, à 16 fr. l'hectol., ci........ 840

                  A reporter........ 8,132

Report........ 8,132 fr.

ÉTAT ET PRODUIT DES BESTIAUX.

16 bœufs de travail.

8 jeunes bœufs ou chatrons de trois à quatre ans destinés à remplacer, chaque année, quatre paires de vieux bœufs qui, vendus en bon état, à 500 fr. la paire, rapporteront...... 2,000

10 ou 12 autres bœufs plus jeunes que ces derniers élevés pour remplacer successivement les chatrons devenus bœufs de travail.

10 vaches dont tous les beaux produits étant conservés, ne rapporteront, en veaux défectueux que.. 100

4 juments poulinières et de travail qui devront, soit qu'on les remplace par leurs élèves, soit qu'on vende partie de ceux-ci, rapporter annuellement............................... 300

200 brebis amenant chaque année environ 160 agneaux dont 100 agnettes seront conservées pour remplacer autant de vieilles mères, lesquelles vendues en bon état, à 8 fr. la paire, donneront............................... 400

60 agneaux surabondants, de l'année précédente, à vendre, à raison de 10 fr. la paire, soit... 300

Laine des 200 brebis vieilles et des 160 agneaux de l'année précédente, à 1 kilog. par bête, soit 360 kilog. à 2 fr..................... 720

4 truies qui, outre 150 kilog. de lard à conserver pour la nourriture des gens de la ferme, devront donner au moins 30 jeunes porcs qui, vendus dans l'année, à 10 fr. la pièce, rapporteront............................... 300

Produits de basse-cour, dindes, oies, poules, canards................................ 150

Total du produit brut.............. 12,402 fr.

DÉPENSE DE L'EXPLOITATION RURALE.

Un maître laboureur et sa femme............. 300 fr.
Trois aides laboureurs ou garçons de ferme, à 150 fr................................. 450
Une vachère et une porchère............... 100

A reporter..... 850

Report.	850 fr.
Un berger.	300
Un pâtre ou bouvier.	50
Leur nourriture, à raison de 40 doubles décalitres par tête et par an, de blé et orge mêlés, soit 360 doubles décalitres ou 72 hectolitres, à 10 fr. l'un.	720
10 paquets de chandelle 30 fr., et 5 doubles décalitres de sel, 15 fr.	45
150 journées d'hommes pour divers travaux à 1 fr. 25 c. l'une, ci.	187
200 journées de femmes pour divers travaux, à 60 c.	120
Frais de fauchaison, à raison de 9 fr. 50 c. l'hectare, ci pour 32 hectares 50 centiares de prés naturels et artificiels.	308 75
Frais de moisson de 45 hectares de céréales, blé, avoine, orge, etc., à 11 fr. 25 c. l'hectare.	506 25
Le treizième de la récolte pour frais de battage des grains, soit pour 872 hectolitres de tous grains, 67 hectolitres, au prix moyen de 10 fr. l'hectolitre, ci.	670
10 doubles décalitres de navette pour la ferme, à 4 fr.	40
70 hectolitres de tous grains pour semence de 45 hectares de céréales diverses ou plantes oléagineuses, au prix moyen de 10 fr. l'hectolitre, ci.	700
70 hectol. d'avoine pour les juments à 4 fr. l'un.	280
Entretien du matériel : charron, bourrelier, maréchal, etc.	500
Entretien locatif des bâtiments de la ferme.	300
Frais généraux, impôts, assurances, vétérinaire, saillie, etc.	500
Marne et autres travaux d'amélioration.	600
Cas imprévus.	725
Total des frais.	7,402 00

BALANCE :

Produit brut.	12,402 fr.
Dépense.	7,402
Reste en produit net.	5,000 fr.

Soit le 5 pour 0/0 du capital engagé que nous supposons être de 80,000 fr. pour le fonds du domaine, et 20,000 fr. employés au roulement de l'exploitation.

ASSOLEMENT DES TERRES.

J'ai indiqué dans quel ordre doivent se succéder les diverses natures de produits dans l'assolement quadriennal que je propose ; je vais faire connaître maintenant les avantages de ce système :

1re ANNÉE. — *Plantes sarclées avec fumier.*

2me ANNÉE. — *Céréales de mars et plantes légumineuses.*

3me ANNÉE. — *Fourrages verts et secs, annuels.*

4me ANNÉE. — *Céréales d'hiver et plantes industrielles.*

Je fais succéder aux plantes sarclées les céréales de printemps, parce que l'ameublissement profond du sol qu'a déterminé la première de ces cultures, ne convient pas à toutes les plantes et notamment aux céréales d'hiver que déchausserait l'affaissement de la terre. En outre, la récolte tardive des plantes sarclées s'oppose souvent à ce qu'on puisse préparer convenablement la terre à recevoir cet ensemencement d'hiver. Aussi, est-ce presque toujours au début de la rotation des cultures, qu'on place les plantes sarclées, pour les faire suivre par une céréale de printemps.

Les prairies naturelles et les prés artificiels poly-annuels (luzernes et sainfoins) restent en dehors de cet assolement. Les prés artificiels poly-annuels y rentrent cependant après leur épuisement, mais ils sont remplacés par une quantité égale de nouvelles terres cultivées de la même manière. C'est donc le quart des terres autres que celles cultivées en prés naturels ou artificiels poly-annuels qui forme chacune des soles ci-dessus indiquées. Il est évident que si l'on a pu mettre en prairies artificielles permanentes, une grande quantité de terres, la sole des fourrages verts annuels sera diminuée d'autant et relativement chacune des trois autres soles. On aura toujours assez de blé et d'autres produits, bien que l'étendue des terres ainsi cultivées soit un peu diminuée. La plus grande quantité de fumiers, obtenue par la nourriture plus abondante donnée aux bestiaux, fera produire au sol de meilleures récoltes qu'une plus vaste superficie moins bien fumée.

Je reviens à l'assolement indiqué :

Dans la première sole , on cultivera la pomme de terre , les betteraves , la carotte , les navets , le rutabaga , le maïs , le chou de Poitou, le topinambour, etc.

Dans la seconde sole, le blé de mars , l'orge , l'avoine , etc.

Dans la troisième , le trèfle rouge , le trèfle incarnat , la lupuline ou minette , le seigle à faucher vert , les vesces, les jarrousses, le moha, la spergule, etc.

Dans la quatrième sole , le froment d'hiver, le seigle , l'orge ou l'avoine d'hiver, le colza ou la navette, etc.

Les cultures industrielles viendront très bien après les fourrages verts ou secs , qui quittent le sol de bonne heure.

Les avantages de cette succession de récoltes sont ceux suivants :

1° Production d'une grande quantité de fourrages, les 3/5 des terres , pour l'alimentation des bestiaux ;

2° Production de fourrages frais pendant toute l'année ; les racines pour l'hiver, avec foin et paille d'avoine ou d'orge , les fourrages verts pour le printemps, l'été et l'automne ;

Au printemps, seigle et trèfle incarnat ; dans l'été , trèfle commun, lupuline, vesces, pois, jarrousse, etc.;

A l'automne , chou branchu du Poitou, feuilles de betteraves, jusqu'au moment où l'on consommera les racines d'hiver ;

3° Leur culture n'exige pas beaucoup de main-d'œuvre, les sarclages de plantes racines s'exécutant à la houe à cheval ;

4° Leur variété répartit les cnances à courir pour les produits de la récolte ;

5° Toutes ces plantes sont bien placées par rapport les unes aux autres. Les racines aiment la terre richement fumée et préparent bien le sol pour les céréales de mars qui trouvent ainsi la terre purgée des mauvaises herbes , et le sol encore riche d'un fumier décomposé qui ne leur fait pas courir le risque de les faire verser, lorsqu'il est très abondant; de plus, on a tout le temps nécessaire pour préparer convenablement les terres après l'arrachage des racines , en automne.

Les fourrages verts fumés , dans une terre bien meuble , donnent d'abondants produits, sans épuiser le sol qu'ils quittent de bonne heure, pour faire place aux céréales d'hiver.

Cet assolement est essentiellement améliorant ; il permet de produire de grandes masses de fumier et d'engrais qui reviennent au sol.

Ce système de culture est , en outre , très élastique et peut changer à volonté , selon les circonstances favorables ou désavantageuses et les besoins du moment , les différentes cultures adoptées , etc.

Il se recommande encore par la bonne répartition des travaux , dans les différentes saisons de l'année.

Printemps, hiver et automne , préparation du sol pour les plantes sarclées : leur arrachage en automne ; les semis et plantations au printemps ; les façons de sarclages et de binage pendant l'été ; le printemps et l'été, pour semis de fourrages verts qui sont fauchés en avril, mai, juin et juillet. Semis en mars des céréales de printemps sur un sol qui a pu être labouré tout l'hiver et les récoltes en août ; semis à la fin d'octobre des céréales d'hiver sur un sol qui a pu être labouré depuis juin, juillet et août, et leur récolte en juillet et août de l'année suivante.

On voit que ces différents travaux se succèdent parfaitement et peuvent occuper constamment les ouvriers de la ferme.

On peut donc en avoir peu et éviter de grands frais et les embarras qu'on éprouve, lorsque tous les travaux tombent à la même époque, comme cela a lieu dans les systèmes à prairies exclusives ou à céréales dominant trop dans la culture.

Je vais passer maintenant au mode de culture propre à chacune des plantes insérées dans l'assolement ci-dessus, faire connaître les meilleurs procédés en usage et établir le prix de revient des produits obtenus, par le tableau comparatif de la dépense et de la récolte :

1re SOLE

OU PREMIÈRE ANNÉE DE LA ROTATION.

—

PLANTES RACINES SARCLÉES ET FUMÉES.

La plupart des plantes racines demandent un sol préparé de la même manière, des engrais abondants, de même nature, et des façons de sarclages et binages à peu près semblables aussi.

Malgré cette similitude de rapports nous donnerons pour chacune de ces plantes un exposé succint des éléments constitutifs de sa végétation et de ses produits.

Pommes de terre.

On doit cultiver ce tubercule, de préférence, dans la partie des terres de cette première sole, qui sont un peu légères, de consistance et d'humidité moyennes, dans les sables d'alluvion un peu humides, les terres sablo-argileuses ou argilo-calcaires.

Pour prospérer, la pomme de terre a besoin d'une grande masse de terre meuble et aussi de terre neuve dans laquelle elle puisse étendre ses racines et développer ses tubercules. Le sol doit donc recevoir des labours profonds, quel que soit son degré d'humidité ; s'il est très humide, ces labours profonds augmenteront sa perméabilité et la plante en souffrira moins ; s'il est très sec, ils permettront à la pomme de terre d'y enfoncer ses racines plus profondément ; un labour de 0,35 c. à 0,45 c. de profondeur sera convenable. Il faut exécuter ce travail le plus tôt possible, avant l'hiver, afin que la couche de terre, ramenée du fond à la superficie, ait le temps de s'aérer avant la plantation.

Dans les terres compactes on applique un second labour ordinaire au printemps, dès que le sol le permet, puis un troisième, en plantant les tubercules.

Dans les sols légers et de consistance moyenne, on se contente, après le défoncement d'automne, de donner un labour ordinaire, au moment de la plantation.

Amendements et engrais : Pour obtenir d'abondants produits, il faudra amender convenablement les terres. Ainsi, les terres fortes et argileuses seront copieusement chaulées et marnées ; celles qui sont trop humides seront mises en état par des saignées, des fossés ou des opérations de drainage et l'on chargera de marne argileuse, de vase de rivière et d'étangs, de curures de fossés et de mares, les terres légères ou trop arides.

Les engrais qui paraissent le plus favorables à la pomme de terre, sont les excréments des bêtes à cornes, convertis en fumier, parce qu'ils renferment tout à la fois des débris organiques azotés et des substances salines.

Il faut à la pomme de terre au moins 40.000 kilogrammes de bon fumier par hectare. Le fumier sera répandu sur toute la surface du terrain, bien que les tubercules doivent être plantés en ligne, parce que leurs racines vont chercher assez loin la nourriture abondante qui leur est nécessaire.

Les pommes de terre entières ont été reconnues être le meilleur mode d'ensemencement que l'on ait trouvé, après avoir expérimenté toutes les autres méthodes, telles que multiplication par boutures, yeux détachés des tubercules, pommes de terre coupées par morceaux. Tous ces essais n'ont donné que des résultats sinon négatifs, du moins ne valant pas celui que nous indiquons.

Il vaut mieux semer de grosses pommes de terre que des moyennes ou des petites, parce que plus le tubercule à d'yeux, plus il développe ses racines et partant, de nouveaux fruits. Si l'on n'a à sa disposition que des tubercules de moyenne grosseur ou même de très petits, on doit, pour obtenir un rendement aussi considérable qu'avec de gros tubercules, rapprocher davantage ces petites semences.

Il y a nécessité de changer, de temps en temps, ses semences, lorsque le terrain où on les cultive est très sec où très humide.

On ne doit commencer à planter la pomme de terre, que lorsqu'on n'a plus à craindre les froids tardifs du printemps, car les jeunes pousses de cette plante sont très sensibles à la gelée. L'époque la plus favorable, dans ce pays, est du 15 avril au commencement de mai.

Comme il y a lieu, pour éviter les frais considérables que nécessitent les façons d'entretien, lorsqu'ils se donnent à main d'homme, d'employer les machines mues par les animaux, il faut, lors de la plantation de ces tubercules, porter l'espace entre les plantes de 0,40 c. à 0,50 c., pour que les instruments et les animaux de travail puissent fonctionner, sans endommager les plantes. L'espacement des tubercules entre eux, dans la ligne où ils sont plantés, sera suffisant à 30 centimètres.

On plantera de cette manière 2,000 kilogrammes de tubercules ou un volume de 25 hectolitres, par hectare, en admettant qu'on écarte de la semence, les tubercules de grosseur moyenne et les petits.

La profondeur à laquelle les tubercules devront être enterrés, varie suivant le sol, de 0,10 c. à 0,14 c., plus profond dans les terrains secs et moins dans ceux humides.

On plante les pommes de terre, soit à l'aide d'instruments à main, soit au moyen de la charrue; ce dernier mode de plantation a, sur le premier, l'avantage d'être plus prompt dans son exécution et plus économique. Il se pratique ainsi lors du dernier labour; on ouvre une première raie, d'une profondeur convenable, dans laquelle des ouvriers déposent des tubercules, en les espaçant également. Ces tubercules sont recouverts par la tranche de terre renversée par le sillon suivant. On ouvre ensuite deux, trois, quatre sillons, sans y mettre de semence, selon l'intervalle qui doit exister entre chaque ligne.

Binages : Aussitôt que les jeunes pousses commencent à se montrer, on donne un binage énergique pour détruire les plantes nuisibles, niveler le sol et rendre plus faciles les opérations subséquentes; il en résulte ainsi, qu'on force les bourgeons qui croissent par groupe, à se diviser et à prendre leur nourriture sur une plus grande surface. Le premier binage est donné à l'aide d'une herse que l'on fait passer deux fois sur le terrain et en travers des raies du labour. Dès que la verdure des tiges commence à dessiner les lignes, on donne un second binage, avec la houe à cheval. Cette opération est répétée aussi souvent que l'état du sol et la croissance des plantes nuisibles la rendent nécessaire.

Buttage : Cette opération doit se pratiquer, non par ce qu'elle produit, comme on l'a cru longtemps, un plus grand rendement de tubercules , mais parce qu'elle offre cet avantage que les pommes de terre trouvant au-dessus d'elles une terre nouvelle et meuble , y poussent leurs racines , s'y développent et permettent ainsi leur extraction à la charrue , ce qui ne pourrait avoir lieu , si elles avaient poussé au-dessous du niveau du sol. Leur élévation au-dessus de ce niveau , rend leur déchaussement à la charrue , très facile et très économique.

Pour que cette opération soit aussi efficace que possible , on doit la pratiquer à deux reprises différentes. On donne une première façon après le premier binage à la houe à cheval ; la seconde , plus énergique , est appliquée après le deuxième binage et de telle sorte que ces deux buttages soient terminés avant que les tiges aient atteint les deux tiers de leur développement.

Les variétés les plus hâtives étant moins sujettes que les autres à la maladie dite gangrène humide , il faudra employer de préférence l'espèce dite pomme de terre de Saint-Jean.

Nous avons dit que la pomme de terre affectionne , par nature, les terrains sablonneux , parfaitement meubles et perméables , frais sans être humides. Nous recommandons de nouveau ces sortes de terrains , parce que c'est aussi là que la gangrène humide sévit avec le moins d'intensité.

Récolte : Il faut attendre, pour arracher la pomme de terre, que ses tiges soient flétries , soit par cause d'épuisement , soit par l'état de maturité de la plante. Avant cette époque, on a des produits moins considérables, et après , on court le risque de voir la gelée atteindre les tubercules , car il suffit d'un abaissement de température d'un dégré au-dessous de zéro , pour désorganiser complètement les pommes de terre et rendre leur conservation impossible.

Arrachage : Quel que soit le moyen qu'on emploie pour arracher les pommes de terre , on profite du moment où le sol est le moins humide possible ; autrement les tubercules seraient terreux et d'un emploi plus dispendieux.

La récolte s'effectue soit avec des instruments à la main, soit avec des instruments attelés. La première méthode est la plus parfaite , car elle permet de n'oublier que peu de tubercules dans le sol ; mais elle offre l'inconvénient d'être lente et coûteuse. Un seul homme ne peut récolter , en moyenne , que 8 à 9 hectolitres par jour, y compris le ramassage , ce qui ne peut convenir aux grandes exploitations où la main-d'œuvre est rare et coûteuse.

L'arrachage , au moyen d'instruments attelés , est plus prompt. Il donne environ 15 hectolitres de tubercules par jour et par homme. Mais il est moins parfait et laisse dans la terre

une plus grande quantité de tubercules. Toutefois, fait avec
soin, la perte est plus que compensée par l'économie de la
main-d'œuvre et par l'état du sol : ce mode d'arrachage équi-
vaut à un labour qui profite d'autant à la récolte suivante.

L'instrument le plus convenable pour cette opération est la
charrue à double versoir, ou buttoir. Et d'abord, les pommes
de terre auront dû être buttées énergiquement, de manière à
ce que le développement des tubercules se soit effectué dans
un plan situé au-dessus du fond des raies : s'ils sont ainsi placés,
on conçoit qu'il suffit de renverser chaque ados dans les raies
latérales, pour qu'ils soient facilement mis à nu ; si, au contraire, le buttage a été négligé, la charrue devra piquer à une
grande profondeur et ne produira qu'un travail défectueux.

On doit, avant d'employer l'instrument ci-dessus désigné,
couper et enlever les fanes ou tiges de la pomme de terre,
afin qu'elles n'embarrassent pas l'instrument. Après quoi, on
règle l'entrure de la charrue de façon à ce qu'elle pénètre un
peu au-dessous des tubercules les plus profonds. On fait ensuite
piquer l'instrument au milieu de l'ados qu'il sépare en deux,
en renversant la terre et les pommes de terre de chaque côté.
Quand la première ligne est terminée, on passe non pas à la
seconde, mais à la troisième et ainsi de suite, en laissant toujours alternativement une ligne non arrachée.

A mesure que la charrue avance, on fait ramasser les tubercules, sans quoi ils seraient recouverts lorsque la charrue en-
tame les lignes qu'on a abandonnées au premier tour.

Comme il reste toujours quelques tubercules enfouis dans le
sol, il faut pratiquer, après que la charrue a terminé son par-
cours, un ou deux hersages énergiques, en travers, qui ramènent à la surface une grande partie des pommes de terre que la
première opération n'a pas atteintes.

A mesure que les pommes de terre sont mises en tas, et
après qu'elles sont ressuyées, on les ramène à la ferme, parce
que leur exposition trop prolongée à la lumière les ferait verdir
promptement et leur communiquerait une saveur âcre qui les
rendrait impropres à l'alimentation. Cet effet se produit très
promptement aussi, quand elles sont exposées à la pluie.

Je terminerai cet article par le compte de culture d'un hectare de pommes de terre placées au commencement de la rotation des récoltes.

DÉPENSE.

Un labour de défoncement avant l'hiver à 0,30 c. de profondeur... 40 f. c.
Un labour ordinaire pour planter les tubercules. 18

A reporter............ 58

Report..............	58 fr.	c.
Pour rayonner le terrain..................	2	
Tubercules pour plantation, 23 hectolitres à 2 fr. l'hectolitre...............................	46	
Deux hersages à 2 fr.....................	4	
Un binage à la houe à cheval..............	5	
Un buttage avec le buttoir...	5	
Un binage à la houe à cheval.............	5	
Arrachage des tubercules à la charrue........	10	
Transport et emmagasinage................	15	
40,000 kilog. de fumier à 10 fr. les 1,000 kilog., y compris les frais de transport et d'épandage, 400 fr. la moitié de cette dépense à la charge des pommes de terre.................................	200	
Intérêt pendant un an, à 5 p. 0/0, du prix de la fumure non absorbée.........................	10	
Loyer de la terre........................	40	
Frais généraux d'exploitation...............	15	
Intérêt pendant un an, à 5 p. 0/0, des frais ci-dessus...................................	20	65
Total......................	435	65

PRODUIT.

20,000 kilog. de tubercules équivalant à 7,500 kil. de foin sec, à 60 fr. les 1,000 kilog............	450

BALANCE.

Produit.................................	450	
Dépense................................	435	65
Bénéfice net................	14	35

Soit 3 p. 0/0 du capital engagé.

Ce résultat montre qu'il y a peu de profit à cultiver la pomme de terre exclusivement pour la nourriture des bestiaux.

Nota : On entend par frais généraux d'exploitation ceux nécessités par les réparations locatives, les assurances contre l'incendie, la grêle ou la mortalité des bestiaux, l'entretien des harnais, instruments aratoires, ferrage, impôts, etc.

Betteraves.

Toutes les variétés de betteraves ne doivent pas se semer indifféremment dans un terrain donné. S'il est profond et facilement perméable aux racines, on préférera la betterave jaune d'Allemagne, la blanche de Silésie ; cette dernière variété est celle que l'on emploie pour la fabrication du sucre et que l'on doit également préférer pour la nourriture des bestiaux, en raison de la plus grande quantité de produits nutritifs qu'elle contient que tous ses congénères.

Si le sol est peu profond, on prendra la betterave longue rose, disette ou betterave champêtre, la jaune de Castelnaudary, la globe jaune, la globe rouge, la blanche à collet vert. Ce choix devra avoir lieu, quelle que soit la nature du terrain. Je ferai toutefois observer que, comme la pomme de terre, c'est dans les terrains légers et profonds que réussit le mieux la betterave.

Le sol qui doit la recevoir doit être profondément ameubli et bien fumé.

Façons : A la fin de l'été on donne un labour superficiel avec l'extirpateur, puis l'on herse une ou deux fois après, pour enlever les racines et les mauvaises herbes.

En novembre, on donne à la terre un second labour de défoncement, de 30 à 40 centimètres de profondeur et on laisse la terre dans cet état jusqu'au printemps. A cette époque, on pratique un labour ordinaire, suivi de hersages et de roulages, afin de bien pulvériser la couche superficielle.

Pour les sols légers, on se contente, avant l'hiver, de faire agir l'extirpateur et la herse pour détruire les plantes nuisibles et l'on ne donne, après, qu'un labour profond au printemps.

Les engrais les plus convenables à la betterave sont ceux qui sont riches en potasse. Les fumiers de cour sont très convenables ; ils doivent être transportés, autant que possible, avant l'hiver et distribués entre deux labours ou avant le labour, si l'on n'en donne qu'un seul. Les fumiers consommés sont préférables aux fumiers longs ; d'abord, parce qu'ils ont une action plus rapide, ensuite, parce que les fumiers trop pailleux, mis en grande quantité, rendent le terrain par trop meuble.

Mais si l'on ne peut disposer que de ces fumiers longs, on y mêle d'autres engrais pulvérulents, plus riches, tels que les tourteaux, le noir des raffineries, le noir animalisé, les chairs et le sang desséchés, les écumes et produits de défécation des jus de betteraves, etc. Il faut aussi se servir des débris de terre, des collets et radicules qu'on enlève aux racines qu'on va mettre en silos ou raper.

Il y a plus d'avantage à laisser sur le sol les feuilles de betteraves qu'à les donner, comme nourriture, aux animaux. Elles sont, en effet, un aliment trop débilitant, tandis qu'elles font un excellent engrais qui rend au sol de nombreux sels minéraux. Elles valent, dit-on, un quart de fumure.

Quelle que soit la nature des fumiers dont on se sert pour la betterave, on ne doit pas en employer par hectare une quantité moindre que celle équivalant à 30,000 kilog. de fumier de cour.

La betterave doit aussi se semer en ligne, ainsi que nous l'avons dit pour la pomme de terre et à des distances semblables. Il faut, pour ce genre de plantations, 8 kilogrammes de graines entières, par hectare. Si la graine était débarrassée de son enveloppe, il n'en faudrait que 5 kilogrammes.

On attend, pour semer la betterave, que les dernières gelées de printemps soient passées. Mais il ne faut pas trop dépasser cette époque, car une perte notable dans le développement des jeunes plants serait le résultat de ce retard, si la sécheresse venait les frapper, avant qu'ils eussent jeté en terre des racines assez profondes pour les faire résister à la chaleur estivale.

Le moment le plus favorable pour cet ensemencement est, dans nos contrées, du commencement d'avril jusqu'au 20, suivant le temps et la nature ou légère ou compacte du sol.

La graine se place sur les ados formés par la charrue, de 0,02 à 0,03 c., suivant aussi la plus ou moins grande consistance du sol.

Pour semer la graine de betterave, on a renoncé aux procédés manuels anciens et même au rayonneur. On emploie aujourd'hui, avec beaucoup d'avantage, le semoir. Si le semoir Hugues est d'un prix trop élevé, on y supplée par le semoir à brouette de M. Mathieu de Dombasle ; mais alors il faut se servir préalablement d'un rayonneur.

Le semoir devra être disposé de manière à répandre une graine tous les 0,08 c., sauf à enlever ensuite les jeunes plants trop rapprochés.

Après le semis, on remplit les sillons, et l'on recouvre les graines au moyen d'une herse composée d'un chassis en bois sur lequel on a fixé des branches d'épines. La herse ordinaire enterrerait trop profondément les graines ou les déplacerait.

On termine l'opération en plombant le sol à l'aide d'un roulage plus ou moins énergique, suivant le dégré de compacité ou d'humidité de la terre.

Dans les sols très humides, on soustrait, en partie, la betterave à l'excès d'humidité, en pratiquant l'ensemencement au sommet des petits billons formés avec le buttoir.

Le succès de la culture de la betterave exige de nombreux sarclages et binages.

Le premier sarclage doit être pratiqué lorsque les feuilles ont atteint une longueur de 0,04 c. environ; la binette le *Couteux* est très propre à cet usage. Trois semaines après, on en effectue un second, mais avec la houe à cheval ; excepté sur la ligne des betteraves, où ce travail est toujours fait à la main.

C'est après ce second binage que l'on supprime les plants trop rapprochés. A cet effet, on n'arrache pas les plants que l'on veut détruire, mais on les coupe au-dessous du collet, autrement on ébranlerait les plants que l'on veut conserver.

A partir de ce moment jusqu'à celui où les feuilles couvrent complètement la surface du sol, on donne un ou deux binages, suivant que l'exige la croissance des plantes nuisibles.

Si la betterave que l'on a semée était destinée à alimenter une fabrication de sucre, et que cette racine fût du nombre de celles qui croissent en dehors du sol, il faudrait butter ces racines jusqu'à leur collet, parce que la lumière produit sur cette partie hors de terre, un effet qui nuit essentiellement au développement de la partie sucrée de cette racine.

Deux buttages sont nécessaires pour accomplir cette opération.

La culture de la betterave, par voie de repiquage de plants venus en pépinière, exigeant beaucoup de soins, de frais et n'étant pas d'ailleurs en usage dans ce pays, je m'abstiendrai d'en parler. Si l'on voulait adopter cette méthode, on en trouverait les procédés dans les ouvrages qui traitent en grand de l'art agricole. Il faut bien se garder d'enlever à la betterave une partie quelconque de ses feuilles pendant sa végétation; car cette suppression diminue toujours le développement de la plante, d'ailleurs, cette nourriture donnée seule aux bestiaux, agit sur eux comme un purgatif et les débilite considérablement.

Je ne parlerai pas de la maladie dont peuvent être atteintes les betteraves, pendant le cours de leur végétation, parce qu'il n'y a aucun moyen connu, efficace, pour la combattre. Dans le cas d'invasion de cette maladie, ce qu'il y a de mieux à faire est de changer la nature des engrais que l'on a employés jusqu'alors sur les points où l'on a cultivé cette racine. L'éloignement de la nouvelle culture du lieu où les insectes dévorateurs ont déposé leurs larves, peut faire espérer qu'elle échappera à leurs ravages.

L'arrachage de la betterave se fait d'octobre en novembre, suivant l'état plus ou moins avancé de la maturité de la plante. Mais jusqu'aux gelées, la plante acquiert un développement progressif et se conserve plus facilement, qu'extraite de la terre plus tôt.

L'arrachage de la betterave, à bras d'homme, est coûteux et long. On remédie à ces inconvénients en se servant de l'araire de M. de Dombasle. C'est une charrue dépourvue de coutre et à laquelle on n'a conservé que la partie antérieure du versoir. Cette partie est en bois et simule un coin dont la pointe et l'un des côtés se lient insensiblement avec le soc, et dont la base est appuyée sur l'étançon de devant.

On attelle à cette charrue deux ou quatre bœufs ou chevaux, selon la tenacité du sol, puis prenant la ligne des betteraves un peu sur la gauche, on fait piquer le soc de l'instrument assez profondément pour pénétrer au-dessous des racines. Le soc passe ainsi sous toute la ligne en le soulevant un peu, mais sans rien retourner, de sorte qu'à la surface du sol on s'aperçoit à peine du travail de l'instrument. Néanmoins, les racines sont tellement détachées de la terre qu'il suffit de les saisir par les feuilles, pour les enlever sans aucune résistance. On peut, à l'aide de cette charrue et lorsque les lignes de betteraves sont distancées de 0 m. 60 c., arracher jusqu'à deux hectares dans la journée et remplacer ainsi le travail de trente ouvriers.

Quelle que soit la méthode employée pour l'arrachage, dès que cette opération est terminée, on procède au décolletage des racines, c'est-à-dire qu'on coupe le collet. Cette suppression a pour but d'empêcher le développement de nouvelles feuilles lorsque les racines sont emmagasinées, développement qui se fait aux dépens des principes sucrés et nutritifs.

On enlève aussi, en même temps, l'extrémité des racines et toutes les petites ramifications qu'elles peuvent offrir; on les débarrasse également, aussi complètement que possible, de la terre qui les recouvre.

Il faut, dans toutes les opérations, éviter que les ouvriers ne heurtent les racines les unes contre les autres, car il en résulterait des contusions qui les feraient toutes pourrir.

Les produits du décolletage peuvent-être donnés aux bestiaux, mais il est préférable de les laisser sur terre, ainsi que je l'ai déjà dit, ces résidus équivalant à un quart de fumure.

Il faut rentrer les betteraves ou les mettre en silos, peu après qu'elles ont été retirées du sol, car leur exposition prolongée à l'air ou au soleil, leur fait perdre une grande quantité du principe vital qu'elles doivent conserver jusqu'à leur emploi.

Si l'on ne voulait ou si l'on ne pouvait pas les rentrer de suite, on pourrait, pour éviter les accidents que je viens de signaler, les mettre par petits lots dans les champs, puis on les couvre avec les feuilles qui proviennent de leur décolletage ou avec de la paille. Les betteraves peuvent rester dans cet état assez longtemps, et elles se conservent d'autant mieux qu'elles ont pu subir au dehors l'effet d'une température moyenne. On assure même qu'ainsi recouvertes, elles peuvent supporter un abaissement de température de 6 dégrés centigrades au-dessous de zéro.

Enfin, on choisit, pour les rentrer, un temps froid et pas trop sec.

Compte de culture d'un hectare de betteraves semées à demeure, au début de la rotation des récoltes.

DÉPENSE.

Un labour de défoncement avant l'hiver.......	40 f.	c.
Un labour ordinaire au printemps............	18	
A *reporter*..................	58	

3.

Report	58 f.	c.

Un hersage............................... 2
8 kilog. de semence à 2 fr. 50 c. le kilog....... 20
Rayonner la terre pour recevoir la semence.... 2
Répandre la semence au semoir à brouette..... 1
Un hersage pour recouvrir la semence......... 2
Un roulage................................. 2
Un binage à la houe à main................. 10
Un binage à la houe à cheval............... 4
Un binage à la houe à main sur les lignes et sup-
pression des plants trop rapprochés............ 10
Arrachage des racines à la charrue........... 8
Décolletage et nettoyage des racines......... 30
Transport des racines à la ferme et emmagasinage. 20
30,000 kilog. de fumier à 10 fr. les 1,000 kilog.,
transport et étendage compris, soit 300 fr. dont les
2/3 seulement à la charge des betteraves 200
Intérêt pendant un an , à 5 p. 0/0, du fumier non
absorbé.................................... 5
Loyer de la terre.......................... 40
Frais généraux d'exploitation , impôts , assuran-
ces, entretien , etc........................ 15
Intérêt à 5 p. 0/0, pendant un an , des frais ci-
dessus.................................... 21   45
                                          ─────────
                                          450 f. 45 c.

PRODUIT.

30,000 kilogrammes de racines à 15 francs les
1,000 kilog...................... 450 f.
7,500 kilog. de feuilles rendues à la terre   } 500
et équivalant à un quart de fumure ordinaire, de 30,000 kilog................. 50

BALANCE.

Produit............................... 500
Dépense............................... 450   45
          Bénéfice net............... 49   55
Soit 11 p. 0/0 du capital engagé.

Culture de la Carotte.

La carotte est la racine fourragère qui plaît le plus à tous les animaux et qui leur réussit le mieux. Les chevaux surtout en sont très avides et elle peut leur tenir lieu d'avoine.

La carotte donne au lait et au beurre une qualité supérieure. Elle est pour les agneaux et les brebis le meilleur fourrage ; enfin , si on la fait cuire à moitié, elle engraisse les porcs et donne au lard une excellente qualité. Ses fanes, très abondantes, sont aussi très recherchées par les bestiaux.

Cette plante, dont le premier développement est très lent, exige de prompts et nombreux binages et sarclages pour la débarrasser des herbes nuisibles qui envahissent le sol et qui l'étoufferaient bientôt. Elle est épuisante pour le sol et demande un ameublissement très profond.

Je ne parlerai ici que de la carotte fourragère, comme seule propre à la grande culture. Si le sol est très profond, on pourra y semer toutes les variétés connues; s'il l'est peu, au contraire, on lui donnera seulement les variétés suivantes qui développent une certaine longueur de leur racine au-dessus du sol :

Carotte blanche à collet vert ;

Carotte rouge longue à collet vert.

La carotte aime les sols légers et profonds. On choisira donc dans la sole des plantes sarclées, le terrain qui lui convient le mieux.

La préparation du sol pour cette plante et la quantité de fumier qu'elle exige sont les mêmes que celles indiquées pour les betteraves ; seulement le labour sera plus profond, s'il se peut ; de 0,40 c. environ.

Les fumiers employés pour cette racine devront être très consommés, car, mis frais, ils jetteraient dans le sol une quantité prodigieuse de mauvaises herbes qui nuiraient beaucoup au premier développement de la carotte et qui lui donneraient, en outre, un goût désagréable. Le mieux serait de fumer abondamment la récolte qui la précède ou d'employer des engrais pulvérulents, tourteaux, colombine, poudrette, noir animalisé, que l'on distribue uniquement dans les rayons où l'on répand la semence.

Il n'y a que les graines de carottes de l'année qui lèvent.

La carotte doit se semer dans le mois de mars, car sa germination est très lente et ses premières feuilles n'ont pas à craindre les gelées tardives du printemps.

Elle se sème en lignes, comme la betterave, avec le semoir à brouette, à 0,55 c. de distance entre les lignes et les plants distancés de 0,05 c. l'un de l'autre.

On herse là-dessus en travers, légèrement, avec une herse formée de branches d'épines, pour que la semence soit peu enterrée. Après le hersage, on donne un roulage, si le sol est léger.

Il faut, par hectare, 2 kilogrammes 1/2 de semence.

Pour hâter sa germination et faciliter son égale répartition, on peut mêler la graine, un peu à l'avance, avec du sable légèrement humide et la répandre avant que le germe ait commencé à paraître ; mais il faudra la recouvrir de suite, pour l'empêcher de se dessécher.

J'ai dit qu'il faut plusieurs sarclages à la carotte. Le premier se donne à la main, lorsque les plantes nuisibles ont atteint un certain développement. On sarcle ensuite sur les lignes avec un couteau à sarcler ; après quoi, on nettoie les intervalles avec la binette dite *le Couteux* ou la ratissoire de jardin.

On recommence cette opération aussi souvent qu'il est nécessaire de la pratiquer.

Plus tard, on donne un binage avec la houe à cheval, puis un second. C'est à ce second binage qu'on arrache les plantes trop rapprochées et qui ne laisseraient pas entre elles un intervalle de 0,15 c.

La carotte se récolte vers la fin de septembre ou un peu plus tard, si l'été a été très sec et qu'il soit survenu des pluies en septembre, parce que la carotte prend, par suite de la fraîcheur nouvelle introduite dans le sol, un nouvel accroissement.

On emploie pour arracher la carotte les mêmes procédés que pour la betterave.

La carotte arrachée, on la décollète, pour empêcher sa végétation dans les caves.

Le produit d'un hectare de carotte est, en moyenne, de 517 hectolitres, du poids de 28,000 kilogrammes, l'hectolitre pesant 54 kilog. Le produit des feuilles, y compris celui du décolletage, égale environ le tiers du poids des racines.

Compte de culture d'un hectare de carottes, semées en récolte principale.

DÉPENSE.

Un labour de défoncement avant l'hiver........	40 f.	c.
Un labour ordinaire au printemps...........	18	
Un hersage.............................	2	
Rayonner le terrain......................	2	
Semence : 2 kilog. 500 g. à 4 fr. le kilog......	10	
Répandre la semence avec le semoir à brouette..	1	
Un hersage pour recouvrir la semence........	2	
Un roulage.............................	2	
Un sarclage à la main sur les lignes..........	30	
Un binage à la houe à main.................	5	
Un binage à la houe à main.................	5	
Deux binages à la houe à cheval.............	5	
Un binage à la houe à main sur les lignes.....	5	
Un binage à la houe à cheval...............	2	50
Arrachage des racines à la charrue..........	10	
Décolletage et mise en tas.................	20	
Transport et emmagasinage.....	20	
A reporter................	179 f.	50 c.

	Report.....................	179 f. 50 c.

36,000 kilog de fumier, à 10 fr. les 1,000 kilog.,
y compris les frais de transport et d'étendage,
360 fr. dont les 7/10ᵉ de cette somme à la charge
des carottes................................. 252

Intérêt pendant un an, à 5 p. 0/0, du prix de la
fumure non absorbée........................... 5   40
Loyer de la terre............................. 40
Frais généraux d'exploitation................ 15
Intérêt à 5 p. 0/0, pendant un an, des frais ci-
dessus....................................... 24   59

516 f. 49 c.

PRODUIT.

28,000 kilog. de racines équivalant à 9,000 kilog.
de foin sec, à 60 fr. les 1,000 kilog............ 540
9,000 kilog. de feuilles équivalant à 900 kilog.
de foin sec, à 60 fr. les 1,000 kilog............ 54

594

BALANCE.

Produit...................................... 594
Dépense...................................... 516   49

Bénéfice net................. 77   51
Soit 20 p. 0/0 du capital employé.

Culture de la Rave, rabioule ou turneps.

La rave est aussi une racine excellente pour la nourriture des bestiaux : dans plusieurs contrées, elle sert d'aliment principal aux moutons et y est considérée comme propre surtout à l'engraissement de tous les bestiaux. On donne aussi, avec avantage, cette racine aux vaches laitières, pendant l'hiver, de même qu'aux chevaux, lorsqu'elle est mêlée à de la paille hachée. Les feuilles sont aussi recherchées que les racines par les bestiaux.

La rave a l'avantage de pouvoir être semée très tard et de permettre de préparer convenablement la terre.

A volume égal, elle est moins riche en principes utiles que les espèces dont je viens de parler.

La rave redoute un sol humide ; elle préfère celui de consistance moyenne qui ne soit pas toutefois exposé à la sécheresse; elle aime surtout les terrains de nature calcaire.

Lorsqu'on a préparé la terre comme pour les autres plantes sarclées, par des labours donnés avant l'hiver, on attend le mois d'avril pour donner un bon hersage, suivi d'un autre hersage et d'un roulage, pour ameublir le sol. Un mois après le labour , c'est-à-dire en mai, on donne un nouveau labour avec le scarificateur auquel on fait succéder la herse et le rouleau.

On a dû, entre les deux derniers labours, fumer la terre. Les engrais que la rave préfère sont ceux dans lesquels se trouvent, en grande quantité, l'élément calcaire et la potasse. Le chaulage et le marnage du terrain où on la met, sont indispensables, si le sol n'est pas naturellement calcaire. Les autres engrais alcalins et animaux lui conviennent également bien.

Il faut faire choix de bonne semence , car celle trop vieille ou tant soit peu avariée, ne lèverait pas.

Il faut 2 kilogr. de semence par hectare.

On sème la rave au commencement de juin.

On suit, pour cette semaille, la méthode indiquée pour la betterave, c'est-à-dire qu'on sème en lignes avec le semoir à brouette , après s'être servi du rayonneur pour les tracer. Ces sillons seront à 0,50 c. l'un de l'autre. On recouvre la semence avec la herse garnie d'épines et l'on roule ensuite.

Les binages et sarclages se font pour la rave comme pour les autres plantes sarclées, c'est-à-dire toutes les fois que le terrain se remplit d'herbes ou se durcit trop par l'action du soleil succédant à celle de la pluie.

Quand les feuilles de la plante couvrent presque entièrement le sol , les binages et sarclages deviennent inutiles.

Les raves, cultivées en lignes , sont très facilement et très promptement arrachées à la charrue. Celles qui ont été semées à la volée , exigent l'emploi de la fourche. L'arrachage tardif de la rave , puisqu'on peut la laisser en terre une grande partie de l'hiver, ne nuit pas à la culture suivante qui , dans mon assolement, est une céréale de mars. C'est surtout là un des côtés les plus avantageux de cet assolement qui permet de laisser en terre toutes les racines aussi longtemps qu'elles peuvent y rester , ce qui évite l'encombrement des arrachages et des transports qui aurait lieu , si c'était une toute autre récolte qui dût succéder à ces racines.

Compte de culture d'un hectare de raves, cultivées au début de la rotation.

DÉPENSE.

Un labour de défoncement avant l'hiver.......	40 f. c.
Un labour ordinaire au printemps............	18
Un hersage..................................	2
Un labour pour enterrer le fumier............	18
Un hersage..................................	2
Semence : 2 kilog. à 3 fr. le kilog...........	6
A reporter	86 f. c.

Report....................	86 f.	c.
Rayonner le terrain pour l'ensemencement....	2	
Répandre la semence au semoir à brouette,....	1	
Un hersage pour recouvrir la semence........	2	
Un roulage.....	2	
Un binage à la houe à cheval................	2	50
Un binage à la houe à main pour éclaircir les plants....................................	5	
Deux binages à la houe à cheval.............	5	
Arrachage des racines à la charrue...........	10	
Effeuillage...............................	15	
Transport et emmagasinage.................	20	
36,000 kilog. de fumier à 10 fr. les 1,000 kilog., y compris les frais de transport et d'étendage,360 f.; la moitié de cette somme à la charge des raves....	180	
Intérêt pendant un an , à 5 p. 0/0, du prix de la fumure non absorbée......................	9	
Loyer de la terre.	40	
Frais généraux d'exploitation................	15	
Intérêt pendant un an , à 5 p. 0/0 , des frais ci-dessus....................................	19	72
Total.....	414	22

PRODUIT.

42,000 kilog. de racines et de feuilles équivalant à 9,240 kilog. de foin sec , à 60 fr. les 1,000 kilog.	554	40

BALANCE.

Produit................................	554	40
Dépense................................	414	22
Bénéfice net................	140	18

Plus de 30 pour 0/0 du capital engagé.

Culture du Chou-navet, dit aussi rutabaga, navet de Suède, chou-rave.

Le chou-navet offre de si précieux avantages pour l'engraissement des bestiaux, qu'un grand nombre de cultivateurs le préfèrent à toutes les autres racines fourragères. Il exerce aussi une influence très favorable sur la production du lait. Il a cet avantage sur la betterave de ne pas craindre les sols humides , compactes et tenaces. Il supporte beaucoup mieux la gelée que toutes les autres racines alimentaires, le topinambour excepté. Ses feuilles sont aussi une excellente nourriture.

Le chou-navet, supportant très bien le froid de nos hivers , permet d'économiser les frais d'emmagasinage. L'élément calcaire lui convient aussi , mais il ne lui est pas indispensable comme à la carotte.

Le chou-navet ne réussit bien que lorsqu'il a été repiqué.

Il faut donc le semer d'abord en pépinière où l'on pourra mieux le soigner, quand il est jeune, et le défendre des insectes qui le détruisent dans les grandes superficies où il serait semé. Il lui faut , comme aux autres racines fourragères , un sol profondément ameubli , une fumure abondante et de nombreux binages et buttages.

Il réussit particulièrement bien sur les landes défrichées , ce qui doit convenir à cette contrée où , chaque année , on procède à cette utile opération.

On donnera au sol où l'on devra le planter , les façons que j'ai indiquées pour la rave et la carotte.

Les engrais à lui appliquer sont aussi les mêmes que pour ces plantes et la dose ne diffère point.

Le fumier s'enterre au dernier labour, c'est-à-dire avec celui sur lequel on fait la plantation.

Quant à la création de la pépinière , on choisit pour l'établir le sol le plus riche et le plus frais de l'exploitation. On prend un terrain de la contenance égale à la dixième partie de celui où l'on veut repiquer les plants : 1 hectare pour 10 hectares.

On lui donne les préparations de labour et la fumure indiquées pour les cultures précédentes , puis, après avoir ameubli le sol , on divise l'espace en planches d'environ un mètre de largeur , séparées par de petits sentiers destinés à faciliter les soins d'entretien.

On sème le plus tôt possible, afin que le repiquage ne se fasse pas trop tard, en février, s'il se peut.

On sème la graine à la volée et on la recouvre au rateau ; puis l'on répand sur le sol une petite couche de balles de céréales ou toute autre substance légère.

Si l'*altise* , insecte qui dévore les jeunes plantes de chou-navet , porte ses ravages sur ce semis, on répand sur les jeunes feuilles des cendres non lessivées, le matin , au moment où ces feuilles sont couvertes de rosée. On répète plusieurs fois cette opération, jusqu'à ce que l'insecte ait disparu et que la plante soit assez forte pour ne plus le craindre.

Quand le plant a la grosseur du petit doigt , du 15 mai au commencement de juillet , on procède à son repiquage dans les terrains où il doit prendre son développement.

Le repiquement s'opère sur le labour qui a enterré les fumiers.

On ne coupe pas, comme pour la betterave, les feuilles des plants à repiquer ; on se borne à retrancher l'extrémité de la racine, lorsqu'elle est trop longue pour aller jusqu'au fond du trou préparé pour la recevoir. On réserve 0,60 c. entre chaque ligne et 0,40 c. entre les plants sur les lignes. Les binages à la houe à cheval entre les lignes, et à la houe à main sur les lignes, se répètent aussi souvent que cela est nécessaire.

Lorsque les plants commencent à couvrir le sol de leur feuillage et qu'ils ont atteint le tiers de leur développement, on leur applique un premier buttage assez énergique, et, trois semaines après, on le répète d'une manière plus complète. Le collet de la racine se trouve ainsi plus enterré et devient moins ligneux.

On peut laisser en terre les choux-navets jusqu'en février ; ils s'y conservent bien et continuent à grossir. Mais on doit en prendre au fur et à mesure des besoins qu'on en a et en retirer, avant les gelées, ce qui est nécessaire pour employer pendant cette saison.

L'arrachage du chou-navet se pratique à l'aide de la charrue employée pour la récolte des betteraves. On sépare aussitôt les feuilles des racines pour les faire consommer aux bestiaux.

Le rendement moyen des choux-navets, peut s'élever, dans ces localités, à 40,000 kilog. à l'hectare. Les feuilles donnent un poids égal environ au tiers de celui des racines, soit 53,000 kilog. en totalité.

Compte de culture d'un hectare de choux-navets cultivés au moyen de repiquage.

DÉPENSE.

Préparation du terrain disposé pour pépinière, comme pour la rave, 415 fr., dont 1/10e pour les dix ares employés, ci. . . . . 41 f.50 c.

Rayonnage du sol pour le repiquage.	2	
Repiquage au plantoir.	10	
Noir animal : 4 hectolitres à 10 fr. l'un.	40	
Trois binages à la houe à cheval, à 2 fr. 50 c. l'un.	7	50
Deux binages à la houe à main, à 5 fr. l'un.	10	
Deux buttages avec le buttoir, à 5 fr.	10	
Récolte des racines à la charrue.	10	
Effeuillage.	15	
Transport.	20	
36,000 kilog. de fumier à 10 fr. les 1,000 kilog., transport et étendage compris, 360 fr. dont les 2/3 à la charge des choux-navets.	240	
Intérêt pendant un an, à 5 p. 0/0, de la fumure non absorbée.	5	
Loyer de la terre.	40	
Frais généraux d'exploitation.	15	
Intérêt pendant un an des frais ci-dessus.	23	30
Total.	489	30

PRODUIT.

53,000 kilog. de racines et de feuilles, équivalant
à 14,000 kilog. de fourrage sec, à 60 fr. les 1,000
kilog.. 840 f.   c.

BALANCE.

Produit...................................... 840
Dépense.................................. 489 30

      Reste en bénéfice net................. 350 70
Ou près de 70 p. 0/0 du capital engagé.

Cette culture est donc une des plus productives qui puissent
être obtenues, lorsqu'elle est faite dans un sol favorable et
qu'on a pu se défendre des ravages de l'altise.

Navet.

Le navet, en raison de ses qualités bien supérieures à celles
de la rave, étant plutôt destiné à la nourriture de l'homme
qu'à celle des animaux, je ne m'étendrai pas sur sa culture
qui, du reste, est la même que celle de la rave. Il demande un
sol identique et des engrais aussi copieux.

L'espèce préférée dans les contrées où l'on cultive en grand
cette racine, est le navet des Sablons, parce qu'il a, dans tous
les terrains, la valeur relative la plus élevée. Mais pour la
qualité particulière et la saveur, le navet de Martot l'emporte
sur celui des Sablons.

La première de ces espèces est cultivée dans la plaine des
Sablons, près Paris, et la seconde dans la commune de Martot,
département de l'Eure, et aussi aux environs de Nantes.

La culture du navet, d'ailleurs, n'est jamais qu'intercalaire,
c'est-à-dire qu'on le sème après l'enlèvement d'une céréale ;
habituellement sa récolte peut se faire au mois de novembre
suivant.

La graine de navet doit être âgée de deux à trois ans; plus
nouvelle, un grand nombre de plants monteraient, au lieu de
développer leur racines charnues, ou bien celles-ci ne pren-
draient pas leur développement ordinaire.

Le rendement, en racines, par hectare, ne dépasse guère
9 à 10,000 kilog. C'est donc une culture peu avantageuse,
sous ce rapport, et que je ne conseille pas, si ce n'est sur une
petite surface et pour servir aux besoins des ménages.

Le navet se vend 40 fr. les 1,000 kilog.

Il faut, par hectare, 3 kilog. de graine à 3 fr. le kilog.

Cette graine se sème à la volée.

Topinambour.

La culture de cette plante est peu répandue en France, et
la supériorité incontestable qu'a toujours eue la pomme de

terre sur le topinambour, a fait préférer le premier de ces tubercules au second. Mais la maladie qui a atteint, depuis plusieurs années, la pomme de terre et qui ne paraît pas être près de cesser, commence à faire revenir quelques agriculteurs du mépris qu'ils faisaient du topinambour. On sera peut être très heureux, dans quelques années, de recourir à cette dernière plante pour suppléer à la disette dont l'autre nous menace.

Je vais donc indiquer quelle est la culture de cette plante et quels sont les usages auxquels elle est propre.

Le topinambour donne d'abondants produits, même dans les sols médiocres ; il n'épuise pas la terre ; il se perpétue pendant un grand nombre d'années sur le même sol et n'exige que peu de culture ; il ne craint pas la gelée et l'on peut le laisser en terre et ne l'arracher qu'à mesure des besoins. Il n'est attaqué par aucun insecte, n'est sujet à aucune maladie ; il offre enfin aux bestiaux une nourriture à peu près aussi riche que celle de la pomme de terre.

La tige du topinambour peut être également utilisée.

Les tubercules sont considérés comme une nourriture excellente pour les vaches laitières auxquelles on les donne, associés avec les betteraves, les pommes de terre et des fourrages secs. On en nourrit également les chevaux qui s'en trouvent très bien. La ration journalière est de 10 litres joints à une certaine quantité de fourrage sec. Les moutons s'accommodent aussi très bien de cette racine unie, pour moitié, à la nourriture sèche. On peut leur donner dans les proportions d'un hectolitre par jour pour 120 têtes. Toutefois il est bon d'y ajouter une petite quantité de sel.

Les porcs refusent d'abord les topinambours, mais ils finissent par s'y habituer et en deviennent si avides, qu'ils fouillent la terre pour en extraire les racines.

Les topinambours sont d'autant plus sains pour les bestiaux qu'ils sont plus récemment récoltés.

Les tiges sont d'une utilité presqu'aussi grande que les tubercules et c'est là un avantage que n'offre pas la pomme de terre. On peut les employer sèches ou vertes. Lorsqu'on les emploie vertes, cette suppression empêche les racines de prendre de grands développements ; mais comme cette plante fournit beaucoup de tubercules et que ses feuilles sont parfois d'un grand secours en septembre et octobre, on peut faire usage de ce fourrage, sans grand inconvénient pour les produits à obtenir.

100 kilog. de tiges vertes équivalent à 30 kilog. de foin sec, pour leurs qualités nutritives. Cette nourriture convient surtout aux moutons, en prenant les précautions que j'ai dites plus haut, de la mêler avec moitié de fourrage sec.

Lorsqu'on emploie les tiges du topinambour, à l'état de

maturité, c'est-à-dire sèches, elles forment encore un bon fourrage que tous les bestiaux mangent volontiers.

La couleur noire que prennent les feuilles, en se desséchant, et le duvet blanchâtre dont elles se recouvrent parfois, ne nuisent pas à leur qualité.

Enfin, les tiges du topinambour se brûlent très bien, lorsqu'elles sont parfaitement sèches, et c'est encore un avantage que n'offre aucun autre produit de la culture des champs. Elles sont très bonnes surtout pour chauffer les fours.

Le moyen de détruire le topinambour dans les terres où l'on ne veut plus le cultiver, c'est de faire brouter, au printemps, par les moutons, les tiges qui repoussent et de donner au terrain, en juillet et août, de forts labours, suivis de hersages qui ramènent à la surface les tubercules restant en terre.

Quelques cultivateurs consacrent une partie de leur terrain à la culture exclusive du topinambour et l'y laissent pendant plusieurs années, jusqu'à ce qu'il finisse par s'épuiser.

Cette culture se range alors dans la catégorie des plantes qui occupent un terrain pendant plusieurs années, comme le sainfoin, la luzerne avec lesquels on peut, du reste, la faire alterner.

Mais on peut aussi, très bien, faire succéder au topinambour une céréale de mars, accompagnée de graine de trèfle et, dès-lors, cette culture rentre dans le cadre que nous avons adopté. On a soin, seulement, quand cette céréale lève, de couper, à l'échardonnette, les nouvelles pousses qui se présentent au printemps.

Le topinambour n'est pas difficile sur l'espèce d'engrais qu'on lui donne; il ne lui en faut pas non plus une aussi grande quantité qu'aux autres racines, parce qu'il puise dans l'air une forte partie des principes azotés qui sont nécessaires à sa végétation. C'est un des végétaux qui produisent le plus, en consommant le moins et en nécessitant le moins de frais de culture.

Le topinambour se plante dans un sol préparé comme pour la pomme de terre et on le plante à la même époque, ou un peu plus tôt, si l'on veut, car il ne craint pas la gelée, ainsi que je l'ai déjà dit, et c'est encore un des avantages de cette culture qui peut se faire avant que les autres travaux de printemps ne viennent réclamer les soins du laboureur.

On emploie environ 1,000 kilog. de semence par hectare.

Les façons à donner au topinambour consistent en deux ou trois binages et sarclages, soit à la houe à cheval, soit à la houe à main.

Un ou deux buttages sont aussi nécessaires pour favoriser la multiplication des tubercules.

Récolte : On commence à enlever les tiges destinées à servir de fourrage sec, en septembre, c'est-à-dire lorsque les tubercules ont acquis leur développement et avant que l'humidité n'empêche les feuilles de sécher convenablement.

On coupe ces tiges à 30 c. du sol, avec une forte faucille. On lie ensuite ces tiges par paquet de 20 à 30 c. de diamètre, sans les serrer beaucoup et l'on pose ces bottes de bout, au nombre de sept ou neuf. Huit jours après, lorsque ces feuilles sont bien sèches à l'extérieur des bottes, on défait les faisceaux et on les remet trois par trois, en tas de vingt-une bottes. Quatorze bottes sont disposées en faisceaux ; les sept autres, la coupe en haut et fortement liées vers cette coupe, sont placées par-dessus, en forme de toit pointu. Ainsi disposés, les tas atteignent le plus grand degré possible de siccité, sans craindre le temps le plus défavorable.

La récolte des racines peut se faire de la fin d'octobre au milieu d'avril. On n'a que l'humidité à craindre, en les laissant en terre jusqu'au printemps.

On les arrache de la même manière que les pommes de terre. Seulement il faut avoir soin de recueillir avec la plus grande attention tous les tubercules et les racines, car celles qu'on oublierait, saliraient la récolte suivante.

Le rendement du topinambour s'élève, en moyenne, à 25,000 kilog. ou 313 hectol. de tubercules, par hectare; celui des fanes, déduction faite de la partie non mangeable des tiges, se monte à 7,000 kilog.

Compte de culture d'un hectare de topinambour cultivés, chaque année, sur un terrain différent.

DÉPENSE.

Préparation du sol et plantation comme pour les pommes de terre.. 60 f.   c.

Tubercules pour la plantation : 1,200 kilog. à 2 fr. les 100 kilog................................... 24

Plantation des tubercules...................... 10

Un hersage.................................... 2

Deux binages à la houe à cheval, à 5 fr. l'un.... 10

Un buttage avec le buttoir..................... 5

Coupe, bottelage, séchage et transport des tiges. 25

Arrachage des tubercules à la charrue......... 20

Transport à la ferme.......................... 10

30,000 kilog. de fumier à 10 fr. les 1,000 kilog., y compris les frais de transport et d'étendage, 300 f.; les 2/3 de cette dépense à la charge des topinambours... 200

A reporter................. 366 f.   c.

Report......................	366 f.	c.
Intérêt pendant un an , à 5 p. 0/0, du prix de la fumure non absorbée........................	5	
Loyer de la terre.............................	40	
Frais généraux..............................	15	
Intérêt pendant un an, à 5 p. 0/0, des frais ci-dessus.	21	30
	447	30

PRODUIT.

25,000 kilog. de racines, équivalant à 10,000 k. de foins sec, à 60 fr. les 1,000 kilog.............	600
7,000 kil. de fanes sèches, équivalant à 1,000 k. de foin sec.................................	60
Total.......................	660

BALANCE.

Produit...................................	660	
Dépense..................................	447	30
Bénéfice net.....................	212	70

Plus de 45 p. 0/0 du capital employé.

CONSERVATION DES RACINES.

La conservation, pendant l'hiver, des racines diverses dont nous venons d'exposer la culture, s'opère de plusieurs manières. Tantôt on les place dans des silos, creusés plus ou moins profondément, dans un terrain sec et léger; tantôt sur la surface du sol même, lorsqu'on craint l'humidité dans le sous-sol; tantôt enfin dans des caves ou celliers, à l'abri de la gelée et de l'humidité et assez aérés pour que la chaleur qui y règne quelquefois, par suite de la fermentation des racines, puisse s'échapper.

Quand on conserve les racines au dehors, il faut, soit qu'on les mette en silos, soit qu'on les place sur le sol non creusé, entourer le point où elles sont placées, d'un fossé destiné à recevoir les eaux qui découlent de ce monticule ou celles qui pourraient provenir du sous-sol. Les terres extraites de ces fossés servent à recouvrir les racines qui auront préalablement été garnies de paille. Il est avantageux de donner de l'air par le haut ou par les côtés, aux tas, pour éviter la fermentation.

Plus les tas ou silos sont petits et peu élevés, moins il y a de crainte de voir les racines s'écraser. Un trou rond, de 33 c. de profondeur, sur 1 m. 50 c. de diamètre, dans lequel on place des racines en pyramide, jusqu'à environ 1 m. 20 c. de hauteur au-dessus du niveau du sol, peut contenir 15 hectolitres. On peut faire de semblables tas à une distance très rapprochée les uns des autres. Ils ne demandent qu'à être recouverts de 20 c. de paille et de 30 c. de terre. On les entoure du petit fossé dont nous avons parlé, auquel on donne la pente nécessaire pour l'écoulement des eaux. On a le soin de fermer le haut de la fosse avec un bouchon de paille, qu'on enlève à volonté, pour laisser les vapeurs occasionnées par la fermentation s'échapper.

Si l'on transporte les racines dans des caves ou celliers, il faut que ces locaux soient établis dans les conditions dont nous avons parlé plus haut. On laisse, entre chaque épaisseur de deux mètres, un vide ou petit chemin qui donne de l'air aux racines et permet de les visiter de temps en temps, pour voir si elles se pourrissent.

La hauteur des tas ne doit pas dépasser 1 m. 30 c. Plus d'élévation a pour résultat que les racines du fond s'écrasent souvent et, s'altérant, corrompent promptement, de proche en proche, tout le tas.

Si l'on n'a laissé ni geler, ni se corrompre les racines conservées, elles peuvent se garder jusqu'à la fin de mars et même jusqu'en avril.

Généralement, il ne faut pas trop nettoyer les racines destinées à être mises en caves ou en silos, parce qu'on leur fait des blessures, des contusions, des froissements dangereux, tandis que la terre qui y reste adhérente, n'a d'autres inconvénients que de coûter un peu de transport et de prendre un peu de place. Les raves, les navets, les choux-raves, les turneps, les rutabagas, c'est-à-dire les racines charnues des crucifères, demandent moins de précautions pour être conservées. On peut les mettre en tas dans les granges, les hangars, où on les recouvre simplement de paille, à une couche assez épaisse pour les garantir des fortes gelées. Elles résistent à un froid de 6 à 7 dégrés centigrades et lorsqu'elles sont atteintes de la gelée, on peut encore en faire usage pour l'alimentation des animaux, si on ne les dérange pas de place, avant qu'elles soient dégelées.

PLANTES LÉGUMINEUSES.

Je ne parlerai ici que des plantes légumineuses qui, demandant à être sarclées, doivent faire partie naturellement de la première sole. Les autres plantes, de cette nature, destinées à produire des fourrages, trouveront leur place à la troisième sole, complètement destinée à ces récoltes.

Maïs.

Le maïs, trop peu répandu dans cette contrée où il réussirait pourtant bien, est une plante dont les produits, pouvant servir à la nourriture de l'homme et des animaux, rendraient de grands services, surtout dans les années où les céréales font défaut.

Une seule espèce de maïs est propre aux terres de ce pays. C'est l'espèce commune dite maïs d'été ou d'août. L'hectolitre de cette graine pèse 78 kilog. Il faut 20 fuseaux pour faire 7 à 8 kilog.

Le maïs s'accommode de toutes les terres, pourvu qu'elles soient suffisamment ameublies et convenablement fumées. La culture à donner aux terres destinées à recevoir le maïs, doit être la même que celle propre aux autres plantes sarclées. Un labour avant l'hiver, avec hersage; un second labour, au printemps, et deux, si la terre est compacte. Le fumier est enterré par le dernier labour.

Si l'on n'avait pas assez de fumier pour le maïs, on emploierait, avec avantage pour cette plante, les cendres; on y ajouterait le plâtre, la chaux ou la marne, dont les principes s'assimilent parfaitement à sa végétation.

Les fumiers consommés, pour le maïs, sont préférables aux fumiers frais et pailleux.

A défaut de fumier, on peut encore employer la méthode de n'en répandre que dans le sillon où l'on doit semer la graine, et l'on recouvre d'environ 12 cent. de terre le fumier, pour y déposer la graine. Outre l'économie d'engrais que procure ce mode de préparation, il présente encore l'avantage de pouvoir donner au maïs un buttage beaucoup plus énergique que si l'ensemencement était fait sur un terrain plat. Les plantes y sont, d'ailleurs, moins exposées à la sécheresse du sol. C'est surtout dans les terrains légers que ce mode offre le plus d'avantages.

Le maïs redoute beaucoup les froids tardifs du printemps. Aussi doit-on ne procéder à son ensemencement que lorsque la terre est suffisamment échauffée. Dans notre contrée, on ne peut semer le maïs que pendant la première quinzaine de mai. On doit réserver pour la semence les plus beaux épis de maïs récoltés, l'année précédente, sur les pieds les plus vigoureux. On fait tremper, pendant quelques heures, les graines dans de l'eau, afin de les ramollir et de hâter leur germination et l'on rejette ceux qui surnagent.

Pour que les semences ne soient pas dévorées par les animaux, qui en sont très friands, il faut les saupoudrer de plâtre, lorsqu'elles sont encore humides. On peut se servir aussi, pour cet usage, de décoction de coloquinte ou d'hellébore blanc.

Le maïs doit se semer en lignes, d'abord parce qu'il fait partie de l'assolement des plantes sarclées, et, ensuite, parce que c'est la seule méthode d'en obtenir de bons produits, au moyen des binages faciles et réguliers qu'on peut ainsi lui donner pendant le cours de sa végétation. On doit espacer assez les lignes pour que les animaux de travail puissent passer facilement entre les rangées, et qu'on obtienne ainsi les façons économiquement. Les lignes peuvent être établies à environ 65 c. l'une de l'autre et les plants à 32 c. de distance.

Les lignes doivent être dirigées du nord au midi, pour que le soleil frappe les pieds le plus longtemps possible. Sur les pentes, on est obligé de tracer les sillons dans le sens opposé à l'inclinaison du sol, pour éviter que les eaux n'entraînent les terres trop facilement.

Les semences de maïs demandent à ne pas être enterrées trop profondément, 2 à 3 c. de profondeur leur sont suffisants.

C'est toujours avec le semoir Hugues que ces semis se font le plus régulièrement et le plus promptement. A son défaut, on pourra prendre le semoir à brouette de M. Mathieu de Dombasle; dans ce dernier cas, il faut tracer les lignes avec un rayonneur.

La graine semée, on la recouvre avec une herse renversée; après quoi, un roulage.

Il faut de 40 à 50 litres de semence par hectare, suivant l'espacement des lignes et des plants entre eux.

Lorsque les jeunes plants de maïs montrent leur troisième ou quatrième feuille, on procède à un premier binage. C'est aussi à ce moment qu'on enlève les plants trop rapprochés les uns des autres et qu'on rétablit, par des repiquements ou de nouveaux semis, la distance indiquée plus haut.

Quinze ou vingt jours après la première façon, on procède à la seconde; elle consiste dans un premier buttage pratiqué avec le buttoir. Si la surface du sol était durcie, on emploierait la houe-buttoir.

Lorsque les plantes ont atteint 40 c. de hauteur, on donne un nouveau binage, suivi d'un second buttage.

Lorsqu'il se développe, au moment de la floraison du maïs, des ramifications qui croissent des nœuds inférieurs de la tige, il convient de les enlever pour qu'elles n'épuisent pas la tige principale. Elles forment, d'ailleurs, une excellente nourriture pour les bestiaux.

Aussitôt après la fécondation de l'épi femelle, ce que l'on reconnaît quand les pistils commencent à se sécher et à noircir, on peut enlever les épis mâles. Cette opération ne nuit en rien à la quantité, ni à la qualité des produits.

Le rendement du maïs peut être évalué à 30 hectolitres par hectare, dans nos contrées.

L'hectolitre pèse de 60 à 75 kilog.

Le produit moyen de la paille varie de 3 à 4,000 kilog., par hectare.

Je n'ai pas conseillé de mettre, ainsi qu'on le fait dans quelques contrées, d'autres plantes adventives entre les lignes du maïs, parce que ces plantes empêchent, d'une part, les binages à donner avec l'instrument à cheval, au maïs, et que d'autre part, ces plantes parasites enlèvent toujours à la culture principale une partie de la substance alimentaire qui lui est nécessaire. Ces plantes adventives trouvent, d'ailleurs, comme on le verra plus tard, leur place naturelle dans cette même sole, destinée à recevoir toutes les plantes sarclées en usage dans cette contrée.

Compte de culture d'un hectare de maïs cultivé comme plante sarclée, au début de la rotation.

DÉPENSE.

Un labour ordinaire, avant l'hiver............	18 f.	c.
Un second labour au printemps.............	18	
Un hersage.............................	2	
Un roulage.............................	2	
Un coup d'extirpateur, trois semaines après...	5	
Un hersage énergique avant l'ensemencement...	4	
Rayonner le terrain pour recevoir la semence..	2	
Semer le maïs au semoir à brouette.........	1	
Cinquante litres de maïs à 14 fr. l'hectolitre....	7	
Faire passer une herse pour couvrir les graines..	2	
Un roulage.............................	2	
Un binage à la houe à cheval..............	5	
Un binage sur les lignes et suppression des plants trop rapprochés...........................	12	
Un buttage avec le buttoir................	5	
Un second binage entre les lignes..........	5	
Un second buttage.......................	5	
Récolte et transport des épis de maïs........	20	
Effeuiller et emmagasiner les épis...........	25	
Egrénage et nettoyage du maïs.............	25	
30,000 k. de fumier à 10 fr. les 1,000 kilog., transport et étendage compris, 300 fr., la moitié à la charge du maïs..........................	150	
Intérêt pendant un an, à 5 p. 0/0, du prix du fumier non absorbé..........................	7	50
Loyer de la terre.......................	40	
Frais généraux d'exploitation..............	15	
Intérêt pendant un an, à 5 p. 0/0, des frais ci-dessus.................................	18	87
	396	37

PRODUIT.

Paille de maïs, 4,000 kil. à 2 fr. 70 c. les 1,000 k.	10	80
Spathes de maïs, 500 kil. à 3 fr. 20 c. les 100 k.	16	
Grains de maïs, 30 hectol. à 14 fr. l'hectol....	420	
	446	80

BALANCE.

Produit................................. .... 446 80
Dépense................................. 396 37

Bénéfice net............. 50 43
Soit 12 p. 0/0 du capital engagé.

LÉGUMINEUSES.

Fèves, Fèveroles.

La fève est la plus importante des légumineuses, en raison de ses propriétés nutritives et des services qu'elle rend pour les assolements de certains terrains. Ainsi, aucune plante sarclée, destinée à l'alimentation, ne peut donner d'aussi bons produits dans les terres compactes et humides. La graine, à l'état frais, peut être consommée par les classes pauvres. Sèche et concassée, elle peut être donnée aux animaux de travail, dans les contrées où les récoltes fourragères sont incertaines. Elle est très propre à l'alimentation des chevaux. La farine de fève, délayée dans l'eau, sous forme de bouillie claire, peut servir à l'engraissement des ruminants et notamment des veaux. Elle communique un goût excellent à la chair du porc. Ses tiges forment un très bon fourrage.

On devrait donc augmenter la culture de la fève et de toutes les légumineuses, en présence surtout du fléau qui ne cesse de frapper la pomme de terre et qui diminue, chaque année, la masse de nos ressources alimentaires.

Il existe deux espèces de fèves : la fève des marais et la fève gourgane ou de cheval, plus connue sous le nom de fèverole. Les autres variétés appartiennent à l'horticulture.

La fèverole, proprement dite, se distingue de la fève des marais, par ses moindres proportions, mais elle donne des produits plus abondants. Cette variété est assez tardive et redoute le froid des hivers. Mais, comme nous en faisons une culture de printemps, cet inconvénient n'est pas à craindre.

On peut donc choisir celle de ces deux variétés la plus appropriée à l'usage qu'on veut en faire.

La fèverole réussit bien dans les terres compactes et humides ; elle réussit même dans les argiles les plus tenaces, là où le maïs et la pomme de terre ne donnent que de médiocres produits, obtenus avec beaucoup de peine.

Elle vient passablement dans les terres légères, pourvu que le climat soit frais et la saison humide.

La fèverole doit être semée en lignes assez espacées pour

qu'elle puisse être sarclée, comme toutes les plantes de cette sole, avec des instruments mus par des animaux.

Elle est une excellente préparation pour les récoltes suivantes, quelles qu'elles soient.

Le sol doit être profondément remué et préparé, comme pour la culture des racines fourragères.

Ainsi qu'à toutes les plantes de cette sole, il faut à la fèverole une abondante fumure, dont les effets doivent se faire encore sentir sur la récolte suivante.

Le noir animal, les cendres et tous les engrais pulvérulents profitent, d'une manière toute particulière, à cette plante, car elle a surtout besoin de phosphate et de potasse.

La fèverole se sème en mars.

Semée en ligne, à 0,50 c. de distance, un hectolitre 20 litres suffisent pour ensemencer un hectare, et les pieds à 0,06 c. l'un de l'autre. Ils seront enterrés de 0,05 c. à 0,08 c. de profondeur, selon que le terrain est plus ou moins consistant.

Les soins et les binages à donner à la fèverole sont les mêmes que ceux appliqués aux autres plantes sarclées. En outre, il est bon, dès que les cosses inférieures commencent à se former, d'écimer ou de retrancher le sommet des tiges. On supprime aussi les nouvelles fleurs qui, n'ayant plus le temps de mûrir, ne feraient que nuire au développement des autres parties de la plante.

Cet écimage prévient, d'ailleurs, ou arrête le ravage des pucerons qui s'attachent et se multiplient sur la partie la plus jeune et la plus tendre de la tige et sont le principal fléau des fèveroles. On fait l'écimage avec une lame de faulx ou une faucille.

La récolte se fait avec la faulx ou la faucille ; jamais en arrachant les plantes, car celles-ci laissent dans la terre, par leurs racines, des principes dont il ne faut pas la priver.

Le rendement s'élève, en moyenne, à 24 hectolitres ou à 2,112 kilog. de grains par hectare, chaque hectolitre pesant 88 kilog. On récolte encore sur la même surface 2,288 kilog. de fanes sèches.

Compte de culture de la fèverole.

DÉPENSE.

Un labour à 0,25 c. de profondeur............	22 fr. c.
Un second labour en travers de 0,18 c. de profondeur.	18
Un hersage..................................	2
A Reporter........	42 f. c.

Report................	42 f.	c.
Un roulage..................	2	
Tracer les sillons à la charrue, pour ensemencer.	5	
Répandre la semence au semoir..............	1	
Semence : 1 hectolitre 20 litres, à 9 fr. l'hectol.	9	20
Recouvrir la semence à la charrue............	5	
Un hersage en travers....................	2	
Tracer les raies d'égouttement à la charrue......	2	
Deux binages à la houe à cheval, à 5 fr........	10	
Ecimage.................................	3	
Fauchage, javelage, bottelage et transport......	20	
Battage et nettoyage du grain................	15	
Intérêt, pendant un an, à 5 p. 0/0, du prix de 30,000 kil. de fumier, mis dans le sol et laissés intacts par la récolte, à 10 fr. les 1,000 kil. (transport et étendage compris)...........................	15	
Loyer de la terre........................	40	
Frais généraux d'exploitation................	15	
Intérêt pendant un an, à 5 p. 0/0, des frais ci-dessus.	9	30
	195	50

PRODUIT.

Tiges sèches, 2,288 kilog., équivalant à 1,720 kil. de foin sec, à 60 fr. les 1,000 kilog..............	103	20
Grain : 26 hectolitres à 8 fr.................	208	»
	311	20

BALANCE.

Produit.............................	311	20
Dépense...........................	195	50
Produit net.............	115	70

Soit 51 1/2 pour 0/0 du capital engagé.

Haricots.

L'avantage qu'a le haricot de n'être attaqué par aucun insecte et la facilité de sa conservation, offrent une grande ressource pour la nourriture de toutes les classes. Ses tiges sont très recherchées des moutons et des bêtes à cornes.

Pour la grande culture, on emploie généralement le haricot nain, d'abord, parce qu'il en coûterait beaucoup pour cultiver le haricot ramé, et ensuite pour pouvoir le sarcler facilement avec les instruments mus par des animaux, ce que ne permet pas non plus d'exécuter la culture du haricot ramé.

Quant aux variétés à employer, dans ces localités, on doit se servir de celles en usage, qui sont :

Le haricot nain ordinaire, blanc, sans parchemin, très productif et précoce.

Le haricot blanc d'Amérique, grain plus petit que le précédent, se colorant en rouge brun, touffe très grosse et très productive.

Le haricot suisse, gris, grains allongés, marbrés de rouge et de rose, gousses aussi marbrées de rouge.

Le haricot solitaire, grain rouge-violet, marbré de blanc, touffes très fortes, espèce très productive.

Les haricots redoutent plus le froid et l'humidité que la sécheresse et la chaleur.

Les terres sablo-argileuses et calcairo-argileuses lui conviennent particulièrement. Les sols sableux, un peu frais, sont même propres à sa végétation.

Le terrain destiné aux haricots doit recevoir les mêmes façons que celui préparé pour les autres légumineuses. Trois labours, dont un avant l'hiver et deux seulement au printemps, si le sol est léger, l'un profond et suivi d'un hersage, l'autre au moment des semailles.

Tous les engrais, mais surtout ceux qui contiennent abondamment des phosphates et des sels alcalins, conviennent aux haricots. Toutefois les fumiers frais ne leur sont pas généralement favorables. On leur donnera de préférence des engrais consommés. Dans les terres fortes et froides, le fumier de cheval et de mouton, le noir animalisé, la poudrette, sont préférables à tous les autres. Bien que le plâtre ait beaucoup d'effet sur toutes les légumineuses, il faut éviter son emploi pour les haricots, attendu que ce sel durcit l'enveloppe des grains et rend leur cuisson fort difficile.

Les semences de haricots peuvent germer encore après 5 ans. Les vieilles graines même, si elles donnent des plantes moins vigoureuses, sont bien plus chargées de grains que les autres. La semence de deux à trois ans est celle qu'il faut préférer.

L'ensemencement des haricots a lieu dans les premiers jours de mai, dans les sols légers, et à la fin de ce mois, pour les sols compactes, alors que les gelées ne sont plus à craindre.

Les haricots doivent être semés en lignes, comme toutes les plantes de cette sole. Il ne faut guères plus d'un hectolitre, par hectare, pour cette semaille. Les lignes seront espacées de 0,30 c. à 0,40 c. l'une de l'autre, et les plants à 0,16 c. de distance. Comme les haricots pourrissent très facilement en terre, on ne les enfonce pas à plus de 0,03 c. à 0,05 c. de profondeur, suivant la nature plus ou moins compacte du sol.

Le mode le plus économique de semaille est de donner le dernier labour très superficiellement et à tranches étroites ;

deux femmes suivent la charrue et y déposent les graines dans les sillons formés entre les bandes de terre renversée. Comme elles n'ensemencent qu'un sillon sur deux, la distance indiquée plus haut, se trouve naturellement réservée entre chaque ligne. On recouvre ensuite les semences avec la herse.

On obtient le même résultat en employant le rayonneur, après qu'on a nivelé le terrain.

Si la terre se durcit avant la levée de la semence, il faut lui donner un léger hersage.

Les binages à donner aux haricots doivent en raison du peu de distance des lignes entre elles être faits à la houe à main. Ces entretiens seront donnés comme pour toutes les plantes légumineuses, aussi souvent que l'état du terrain l'exigera, c'est-à-dire toutes les fois que les herbes l'auront envahi ou que la terre sera trop durcie.

La récolte des haricots se fait lorsque le plus grand nombre des gousses est mûr. On laisse sécher ces plantes en les mettant en javelles pendant quelques jours. On les rentre ensuite dans un lieu bien sec et bien aéré.

Le produit d'un hectare de haricots est, en moyenne, de 25 hectolitres de graine, pesant 77 kilog. et de 2,000 kilog. de paille.

Compte de culture d'un hectare de haricots nains, cultivés comme récolte principale, au début de l'assolement.

DÉPENSE.

	f.	c.
Un labour avant l'hiver, de 0,25 c. de profondeur.	18	
Un labour au printemps de 0,12 c. id.....	18	
Un hersage............................	2	
Un labour superficiel pour l'ensemencement....	12	
Répandre la semence à la main	4	
Semence : un hectolitre à 16 fr.............	16	
Un hersage............................	2	
Deux binages à la houx à main, à 12 fr......	24	
Un buttage............................	10	
Arrachage et transport...................	12	
Battage et nettoyage du grain.............	14	
30,000 kilog. de fumier donnés à la terre, dont 16,714 seulement à la charge de cette récolte, à 10 fr. les 1,000 kilog, y compris les frais de transport et de répartition.......................	167	14
Intérêt pendant un an, à 5 p. 0/0, du prix de la fumure non absorbée.......................	11	64
Loyer de la terre......................	40	
Frais généraux d'exploitation..............	15	
Intérêt pendant un an, à 5 p. 0/0, des frais ci-dessus.	13	28
	379	06

PRODUIT.

25 hectolitres de grain à 16 fr.............. ...	400
2,000 kilog. de paille........................	30
	430

BALANCE.

Produit...	430	
Dépense............................	379	06
Bénéfice net................	50	94

Soit 13 p. 0/0 du capital employé.

Pois.

Les pois sont une nourriture excellente et bien supérieure pour l'homme, à celle de la fève et des haricots. Ils ne sont pas moins recherchés par les animaux et surtout par les moutons et les chevaux. Les fanes, vertes ou sèches, sont un des meilleurs fourrages pour tous les bestiaux indistinctement.

Les espèces de pois qui font l'objet de la grande culture sont au nombre de deux :

Le pois des champs, pois gris ou bisaille. C'est l'espèce spécialement consacrée à la nourriture des animaux.

Le pois cultivé : cette espèce étant plus particulièrement destinée à la nourriture de l'homme, ne sera introduite dans la culture, que comme produit marchand.

Les variétés de cette dernière espèce sont :

Le pois de Marly, produit moyen, mais il est tardif.

Le pois de Clamard, produit beaucoup, il est aussi tardif.

Pois Michaux, hâtif de Hollande, tiges peu élevées ; il s'accommode très bien des sols légers, sableux ou calcaires qui ne conviennent pas aussi bien aux variétés précédentes.

Les pois devant aussi commencer la rotation de la culture, seront traités comme la légumineuse qui précède ; seulement, comme cette plante aime une terre profondément remuée, mais très imparfaitement ameublie, il faut ménager l'action de la herse et du rouleau.

Les pois redoutant les sols trop poreux, trop ouverts, il faut éviter d'employer du fumier peu consommé, surtout dans les terrains légers ; il faut alors ou employer des fumiers consommés, ou fumer en couverture avec du fumier long et pailleux, lequel défend, en même temps, les sols légers de la sécheresse du printemps, que les pois redoutent beaucoup.

Le chaulage et le marnage conviennent particulièrement aux pois, car ils sont très avides de l'élément calcaire ; le plâtre même, pour les espèces destinées aux animaux, produit un bon effet.

Les pois puisent dans l'atmosphère au moins autant de principes nutritifs que dans le sol. Aussi sont-ils loin d'appauvrir la terre.

Ils conservent, comme les haricots, leurs facultés germinatives pendant plusieurs années. On peut donc prendre indifféremment les semences de la dernière récolte ou celles de l'année précédente.

Les pois se sèment depuis le milieu de mars jusqu'à la mi-mai, suivant la nature plus ou moins légère du sol ; d'abord dans les terres légères, ensuite, dans celles compactes.

Les pois doivent être semés un peu dru ; d'abord, parce que un certain nombre de graines ne lèvent pas, ensuite, parce qu'il faut obvier, par un semis abondant, au dommage occasionné par les nombreux ennemis qui les attaquent, tels que les oiseaux, les souris, les insectes, etc. Pour faire la part de ces diverses pertes, on emploie environ 1 hectol. 50 litres de pois gris et 1 hectol. de pois cultivés, par hectare.

L'usage général est de semer les pois gris à la volée, à la suite d'un hersage ; mais comme notre assolement veut que les plantes qui font partie de cette première sole, soient soumises au sarclage ou binage, nous conseillons de semer les pois de cette espèce, comme on le fait pour les pois cultivés, c'est-à-dire en lignes. Sans doute les frais d'entretien seront plus considérables par ce mode de culture qu'ils ne le seraient si l'on avait semé la graine à la volée ; mais on retrouvera cette dépense, l'année suivante, par le meilleur état où sera la terre qui aura eu de nombreuses façons et sera purgée de toutes les mauvaises herbes qui l'auraient envahie, si elle n'eût pas été cultivée, et le produit de sa récolte sera, en outre, plus élevé. Les façons à donner à l'une ou à l'autre espèce de pois employée sont celles indiquées dans le chapitre précédent pour les haricots, au moyen de la distance d'environ 0,33 c. que l'on aura laissée entre les lignes. Après le second binage, lorsque les plantes ont atteint 0,10 c. de hauteur, on les butte fortement avec le buttoir, afin que leurs tiges, qui ne sont pas destinées à recevoir des rames pour les soutenir, s'écartent moins et ne touchent pas autant la terre. Cette double opération se fait avec la houe à main.

La récolte des pois doit se faire aussitôt que la moitié des cosses est mûre. Si l'on tardait davantage, on s'exposerait à ce qu'un soleil vif succédant à la pluie, fît entr'ouvrir les cosses mûres et échapper les graines. On laisse sur le sol la récolte, jusqu'à ce qu'elle soit à peu près sèche ; puis, la réunissant en petits tas, au matin d'un beau jour, on la rentre le soir, en la chargeant sur une voiture garnie de toile.

On la bat ensuite au fléau.

Le rendement des pois gris semés à la volée, est, en moyenne, de 13 hectol. à l'hectare, du poids de 79 kilog. l'hectol. Ils donnent, en outre, 2,934 kilog. d'excellent fourrage.

Mais semés en lignes, ils produisent, ainsi que les pois cultivés, 18 hectol. de graines, du poids de 88 kilog. l'hectol., et 4,350 kilog. de fourrage.

Compte de culture d'un hectare de pois, cultivés comme plante sarclée, au commencement de la rotation.

DÉPENSE.

Un labour avant l'hiver.......................	18 f.	c.
Un labour au printemps.....................	18	
Un hersage....	2	
Un labour plus léger pour ensemencer........	12	
Semence, 1 hectol. 50 litres, à 16 fr.........	24	
Main-d'œuvre pour répandre la semence.......	4	
Un coup d'extirpateur pour couvrir la semence.	4	
Un hersage...............................	2	
Deux binages et un buttage.................	34	
Fauchage et transport......................	10	
Battage et nettoyage	12	
30,000 kilog. de fumier donnés à la terre, dont 16,714 kil. seulement à la charge de cette récolte, à 10 fr. les 1,000 kil. y compris les frais de transport et d'étendage.........................	167	14
Intérêt pendant un an, à 5 p. 0/0, de la fumure non absorbée..................................	11	64
Loyer de la terre..........................	40	
Frais généraux d'exploitation...............	15	
Intérêt pendant un an, à 5 p. 0/0, des frais ci-dessus.	18	68
	392	46

PRODUIT.

18 hectol. de grain, en moyenne, à 16 fr. l'un..	288	
4,350 kilog. de paille, équivalant à 2,669 kilog. de foin sec, à 60 fr. les 1,000 kilog...........	160	
	448	

BALANCE.

Produit......................	448	
Dépense...................................	392	46
Bénéfice net....................	55	54

Soit 14 pour 0/0 du capital employé.

Je m'abstiens de parler ici des lentilles, parce que leur culture est peu en usage dans le pays, et que ce serait augmenter, sans grand profit, la masse des légumineuses qui y sont admises. Quant aux vesces, jarrousses, ou pois cornus, ces plantes trouveront leur place à la troisième sole qui traite des prés artificiels annuels, car ces légumineuses, bien qu'on tire aussi un certain produit de leurs graines, sont plus particulièrement destinées à fournir des fourrages.

2ᵐᵉ SOLE.

CÉRÉALES DE MARS.

Les céréales de mars, proprement dites , ne comprennent que l'orge , le maïs , l'avoine et le sarrasin. Le froment et le seigle semés à cette époque, sont une exception , de même que l'avoine et l'escourgeon semés avant l'hiver en sont une également. Mais ces exceptions sont très heureusement appliquées dans beaucoup de cultures, car elles ont l'avantage de remédier aux accidents que peuvent éprouver leurs cogénères, semés à des époques différentes.

Orge.

L'orge est peu employée pour la panification ; le pain qu'elle donne est inférieur en qualité à celui du blé et même du seigle. Mais elle occupe un rang élevé dans l'agriculture des pays du Nord qui , privés de vigne, ont la bière pour boisson habituelle. Après avoir servi à cet usage, l'orge donne un résidu appelé Drêche, qui fournit une masse notable de produits alimentaires pour les bestiaux, et rend immédiatement à la terre, sous forme d'engrais , tout ce qu'il lui a enlevé.

Le grain sert aussi , lorsqu'il a été grossièrement concassé , à la nourriture des chevaux , des vaches, à l'engraissement des volailles , cochons , etc.

Les espèces d'orge les plus avantageuses pour ce pays sont l'orge carrée ou commune , parce qu'elle se sème tard et produit beaucoup.

L'orge à deux rangs ou pamelle. Elle supporte bien les froids printaniers. On la sème très bien avec les fourrages. C'est l'espèce la plus répandue en France , comme orge de printemps.

L'orge éventail. Ses grains sont lourds et supérieurs en qualité , à ceux des autres espèces. Elle passe pour réussir dans les sols médiocres et dans les situations froides.

L'orge donne ses plus beaux produits dans les sols de consistance moyenne ; mais elle peut s'accommoder du plus grand nombre des terrains , pourvu qu'ils ne soient pas trop humides. Il suffit de varier son époque d'ensemencement , ce à quoi elle se prête très bien , en raison de la rapidité de sa végétation. Ainsi, dans les terrains secs et sous un climat doux , l'orge de printemps sera semée dans le mois de février ; dans les mêmes terrains, mais sous un climat plus froid , on la sèmera en mars et en avril. Dans les sols compacts , l'ensemencement pourra être retardé jusqu'en mai.

L'orge demandant un sol bien ameubli, il faudra préparer la terre par un labour et des hersages donnés avant l'hiver et par de nouvelles façons avant de la semer.

On sème l'orge très dru. Il en faut environ 4 hectol. à l'hectare, pour les terres maigres, et 3 hectol. pour celles de meilleure qualité ou bien fumées.

L'orge se sème habituellement à la volée. L'emploi du semoir serait préférable, comme pour les autres espèces de céréales.

L'orge s'enterre plus que le blé. Pour les semailles faites tardivement, au printemps, dans les sols substantiels et, dans tous les cas, pour les sols légers, on devra semer sous raie, en recouvrant la semence de 0,08 c. à 0,09 c. de terre. Dans les autres circonstances, on se servira de la herse ou du semoir. Si la surface du sol se durcit, avant la sortie des plantes, il sera bon de donner un coup de herse pour briser la croute de la terre.

Le rendement moyen de l'orge est de 35 hectol. pour les orges d'hiver, et de 26 hectol. pour celles de printemps. Comme on le voit, elle donne un produit plus abondant que le blé et le seigle, mais son grain est plus léger. L'hectolitre d'orge d'hiver pèse, en moyenne, 64 kilog., et celle du printemps 56 kilog.; le produit de la paille est de 2,500 kilog. à l'hectare.

Compte de culture d'un hectare d'orge semée après une récolte de racines fourragères.

DÉPENSE.

Deux labours ordinaires à 18 fr............	36 f.	c.
Deux hersages à 2 fr......................	4	
Un roulage................................	2	
Un hersage................................	2	
Semence: 3 hectol. 20 litres, à 12 fr. l'hectol...	38	40
Répandre la semence à la volée............	1	
Un hersage................................	2	
Un roulage................................	2	
Deux sarclages...........................	4	
Fauchage, bottelage et emmagasinage........	30	
Battage et nettoyage du grain avec les machines.	17	
15,000 kilog. de fumier non absorbés dans le sol par la récolte précédente, à 10 fr. les 1,000 kil., y compris le transport et l'étendage, 150 fr.; les 3/4 de cette dépense à la charge de l'orge........	112	50
Intérêt, pendant un an, du prix de la fumure non absorbée..............................	1	38
Loyer de la terre.........................	40	
Frais généraux d'exploitation..............	15	
Intérêt pendant un an, à 5 p. 0/0, des frais ci-dessus...................................	15	36
	322	64

PRODUIT.

Paille, 2,500 kilog. équivalant à 1,250 kilog. de foin sec,
à 60 fr. les 1,000 kilog......................... 75
Grain, 26 hectol. à 12 fr.................... 312
                                                    ————
              Total..................... 387

BALANCE.

Produit........................ 387
Dépense.... 312
                                                    ————
         Bénéfice net.................. 75

Soit 22 pour 0/0 du capital employé.

Avoine.

L'avoine est, de toutes les céréales, la moins employée
pour la nourriture de l'homme ; elle ne sert à cet usage, que
sous forme de gruau. Sa paille est une des plus riches en substances nutritives; c'est surtout par les vaches qu'on la fait consommer. Mais ce qui fait le mérite incontestable de l'avoine,
c'est son grain qui, dans le Nord et le Centre de l'Europe, sert
à la nourriture des animaux de travail. Les moutons qu'on
engraisse, les brebis dont on veut augmenter le lait, les bêtes
de basse-cour dont on veut accélérer la ponte printanière, se
trouvent également bien de ce genre d'alimentation.

Quatre espèces d'avoines sont fournies à la grande culture :

L'avoine commune d'hiver, semée à l'automne. Elle donne des
grains plus pesants et plus nombreux que lorsqu'elle est semée
au printemps.

L'avoine commune de printemps. C'est la variété la plus cultivée. Elle est moins rustique que la précédente et sa maturité
est plus tardive.

L'avoine de Géorgie, de Sibérie. C'est la plus précoce de
toutes. Elle n'a d'autres inconvénients que la dureté de son
écorce, qui la rend d'une mastication difficile pour les vieux
chevaux. C'est une variété de printemps.

L'avoine patate, grain blanc, court et rond, à écorce fine.
Cette variété de printemps donne de très beaux produits dans
les terrains riches; mais elle est souvent atteinte du charbon.

L'avoine aime une terre profondément ameublie; voilà pourquoi nous l'avons placée après une culture de plantes sarclées.

L'avoine se sème un peu plus tôt que l'orge, mais avec les
mêmes préparations de sol.

La quantité de semence à employer varie suivant la nature
des sols, comme pour les autres céréales. La mesure moyenne
est de quatre hectolitres par hectare.

La semence est ordinairement répandue à la volée. Il convient de l'enterrer assez profondément, surtout dans les sols légers.

Le rendement moyen de l'avoine, dans ce pays, est d'environ 30 hectolitres et 3,000 kilog. de paille.

Compte de culture d'un hectare d'avoine semée après une récolte de racines fourragères, avec ensemencement de trèfle au printemps.

DÉPENSE.

Deux labours à 18 fr...........	36 f.
Un hersage....................	2
Un roulage....................	2
Un hersage....................	2
	42

La moitié seulement de cette somme à la charge de l'avoine......................................	21 f.	c.
Semence, 4 hectolitres à 7 fr.................	28	
Répandre la semence à la volée.............	1	
Un hersage...............................	2	
Un roulage...............................	2	
Un sarclage..............................	2	
Fauchage, bottelage et emmagasinage........	25	
Battage et nettoyage avec les machines........	17	
15,000 kilog. de fumier non absorbés dans le sol par la culture précédente, à 10 fr. les 1,000 kilog., y compris le transport et l'épandage, 150 fr., la moitié de cette dépense à la charge de l'avoine....	75	
Intérêt, pendant un an, du prix de la fumure non absorbée..................................	3	75
Loyer de la terre.........................	40	
Frais généraux d'exploitation...............	15	
Intérêt, pendant un an, à 5 p. 0/0, des frais ci-dessus	11	58
	243 f. 33 c.

PRODUIT.

Paille : 3,000 kilog. équivalant à 1,200 kilog. de foin sec, à 60 fr. les 1,000 kilog., ci......................	72 f.	c.
Grain : 30 hectolitres à 7 fr.................	210	
Produit...............	282 f.	c.

BALANCE.

Produit..............................	282 f. 00 c.
Dépense..............................	243 33
Bénéfice net............	38 f. 67 c.

Soit 13 pour 0/0 du capital employé.

Je n'attribue à l'avoine que la moitié des frais de préparation du sol et d'engrais, parce que le trèfle, que porte ce même terrain, en profite par égale part.

Sarrasin.

Le sarrasin ou blé noir sert à la nourriture de l'homme et à celle des bestiaux. Il vaut autant que l'orge pour l'engraissement des porcs et plus que l'avoine pour les chevaux. Pour l'employer à ces derniers usages, il doit être concassé, car son enveloppe est assez dure.

On cultive le sarrasin ordinaire et celui de Tartarie. Ce dernier a sur l'autre l'avantage d'être plus vigoureux, plus précoce, plus productif; mais son grain, lorsqu'il est mûr, se détache plus facilement encore que celui de son congénère; il se moud plus difficilement et la farine qu'on en obtient est noirâtre, fermente moins bien et conserve une amertune plus prononcée.

Le sarrasin de Tartarie est donc préférable, si l'on veut l'enfouir en vert; mais on doit choisir le sarrasin ordinaire, lorsque les graines sont destinées à l'alimentation.

Cette plante, toute rustique qu'elle est, reçoit très facilement toutes les influences météorologiques qui l'environnent. La sécheresse atmosphérique ou du sol, les vents froids, les gelées blanches, l'excès de la chaleur, sont autant de circonstances qui peuvent compromettre le succès de cette culture. S'il n'est point attaqué par ces diverses causes, il devient une plante précieuse; il est peu exigeant sur la nature du sol et s'accommode de ceux pauvres, sableux ou calcaires. Il redoute les terrains humides ou trop riches en engrais. Il y fleurit plus tardivement et peut y être surpris par les gelées.

On peut semer le sarrasin comme récolte intercalaire, entre l'enlèvement des plantes hâtives, telles que seigle, colza, vesce, orge et les ensemencements de l'hiver; mais je l'admets ici comme culture principale de cette sole et faite seulement dans des proportions répondant aux besoins de la ferme.

Le sarrasin aime un sol bien ameubli; on donnera donc à la terre qui doit le recevoir autant de façons qu'il en faudra pour obtenir ce résultat.

Le sarrasin tire la moitié de sa nourriture de l'atmosphère; aussi épuise-t-il peu le sol.

On sème en général un hectolitre de graines à l'hectare, lorsque la récolte est destinée à mûrir ses grains. Si on le cultivait pour fourrage ou pour l'enterrer comme engrais, on augmenterait de moitié cette quantité.

Cette graine demande à être peu enterrée. On la répand à la volée et on la recouvre à la herse.

Il n'y a aucun soin à donner à cette plante, qui se défend suffisamment des plantes nuisibles qui pourraient salir la terre.

Le rendement du sarrasin est, en moyenne, de 15 hectolitres à l'hectare; l'hectolitre pèse 58 kilog.

La paille varie de 1,200 à 2,000 kilog.

Compte de culture d'un hectare de sarrasin semé après une récolte sarclée.

DÉPENSE.

Deux labours à 18 fr.......................	36 f.	c.
Deux hersages à 2 fr.......................	4	
Semence, 1 hectolitre.....................	12	
Répandre la semence......................	1	
Un hersage...............................	2	
Un roulage...............................	2	
Fauchage, bottelage et transport à la ferme....	20	
Battage et nettoyage du grain..............	20	
2,170 kilog. de fumier non absorbés par la récolte précédente à 10 fr. les 1,000 kilog., y compris transport et épandage......................	21	70
Intérêt, pendant un an, à 5 p. 0/0, du prix de la fumure non absorbée.....................	1	08
Loyer de la terre.........................	40	
Frais généraux d'exploitation..............	15	
Intérêt, pendant un an, à 5 p. 0/0, des frais ci-dessus......................................	9	23
	184 f. 01 c.	

PRODUIT.

Paille : 1,000 kilog. équivalant à 500 kilog. de foin sec, à 60 fr. les 1,000 kilog.........................	30 f.	c.
Grain : 15 hectolitres à 12 fr. l'un............	180	
	210 f.	c.

BALANCE.

Produit..................................	210 f.	c.
Dépense..................................	184	
Bénéfice net............	26 f.	c.

Soit 14 pour 0/0 du capital engagé.

3ᵐᵉ SOLE.

Prairies artificielles.

Les prairies artificielles sont la plus grande richesse du cultivateur. Sans elles, il ne peut obtenir aucune amélioration dans ses cultures, car, sans elles, il ne saurait nourrir la quantité de bestiaux nécessaires pour fumer ses terres et les travailler convenablement. Tout le monde est d'accord à cet égard et chacun cherche à se procurer ce puissant auxiliaire pour le succès de son entreprise. Mais, si peu de cultivateurs obtiennent le résultat qu'ils cherchent, c'est que la méthode employée par eux pour y arriver est vicieuse, et que tant qu'ils n'en changeront pas, ils resteront dans les mêmes embarras et la même pénurie.

L'usage est, comme je l'ai dit plus haut, de semer la prairie artificielle avec l'avoine ou l'orge qui, dans l'assolement local, font suite, fâcheusement, aux céréales d'hiver.

Il y a deux inconvénients à ce mode de culture. Le premier, c'est que le blé ou les autres céréales d'hiver ayant déjà puisé dans le sol la plus grande partie des engrais qui ont été enfouis avec eux, le surplus est absorbé par les céréales de mars, et qu'il n'en reste point, dès-lors, pour la prairie artificielle qui ne prend son développement qu'à la seconde année de son semis.

Le second défaut de la méthode dont je parle, c'est que la succession immédiate des deux céréales a permis aux mauvaises herbes d'envahir le sol, et que leur présence, que rien n'a contrariée, apporte au développement et à la végétation de la prairie artificielle, un obstacle qu'elle ne peut vaincre et qui, non-seulement diminue considérablement ses produits, mais abrége beaucoup son existence.

Le cultivateur qui voudra éviter ces inconvénients, devra donc suivre notre assolement dont la bonté est justifiée par le raisonnement et par l'expérience qui vient en démontrer la justesse.

Toutes les espèces de plantes légumineuses dont je vais parler et qui sont employées pour former des prairies artificielles, offrent l'avantage de puiser dans l'atmosphère la plus grande partie de leurs éléments nutritifs et d'abandonner dans le sol, après la récolte, de nombreuses racines et une notable quantité de débris de feuilles et de tiges. Il s'en suit qu'elles laissent la terre plus riche qu'elle ne l'était auparavant.

Les plantes employées à la création des prairies artificielles se divisent en deux classes, celles annuelles ou bizannuelles et celles d'une plus grande durée et qui, dès-lors, se trouvent rejetées en dehors de l'assolement et n'y rentent qu'à des périodes de temps plus ou moins longues.

Je commencerai par les plantes fourragères de la première catégorie.

Trèfle.

Trèfle rouge, trèfle commun, trèfle de Hollande. Cette légumineuse est aujourd'hui la base de l'agriculture. En vert ou en sec, elle est l'une des meilleures nourritures pour les bestiaux.

On a , toutefois , constaté que pour les bêtes de trait , le trèfle sec ne vaut pas le foin des prairies naturelles ; mais il est préférable pour les bêtes laitières ou à l'engrais.

Le trèfle vient particulièrement bien dans les climats humides. C'est donc dans les sols argileux et argilo-calcaires, profonds, qu'on voit prospérer cette plante. Elle ne donne des produits passables dans les sols légers, que dans les années humides , ou lorsque le sous-sol de ces terrains est argileux et y entretient une humidité suffisante.

Il ne faut pas, pourtant , que le sol arable soit placé sur une couche argileuse imperméable , car l'humidité stagnante . retenue au-dessous de cette couche , est funeste au trèfle dont elle fait périr les racines.

Le trèfle puisant dans le sol une quantité considérable de chaux et de potasse, il faut , pour qu'il réussisse, que le terrain dans lequel on le place, ou possède ces éléments, ou qu'on les lui communique. En général , partout où le sainfoin réussit , le trèfle y vient mal.

Ce sont donc les sols argileux un peu compactes, profonds , bien ameublis , renfermant une certaine quantité de calcaire et à sous-sol perméable, qu'on devra choisir.

Le trèfle , pour prospérer , veut un sol complètement privé de mauvaises herbes , et surtout de chien-dent. Si les plantes nuisibles se développent en même temps que lui , il est en partie étouffé , son produit est diminué, et la fertilité du sol loin de s'accroître sous son influence, comme cela a lieu lorsqu'il a bien réussi, est au contraire amoindrie et la terre infestée de mauvaises herbes pour plusieurs années. Il y a donc nécessité , comme nous l'avons déja dit , de faire succéder cette plante à une récolte sarclée , et c'est ce que nous faisons dans cet assolement , puisque le trèfle est semé avec l'avoine ou l'orge qui succèdent immédiatement à la sole des plantes sarclées.

Un autre avantage de cette dernière culture , pour le trèfle, c'est qu'elle a profondément remué et ameubli le sol , ce que recherche précisément le trèfle. Toutes les récoltes succèdent heureusement au trèfle, mais il ne se peut succéder à lui-même, à moins d'un intervalle d'au moins huit années, parce que , dit-on, les matières salines qu'il a absorbées, demandent ce temps avant qu'il s'en réforme de nouvelles dans le sol , sous l'influence des agents atmosphériques.

La culture précédente, celle des plantes sarclées , ayant laissé en terre une assez grande quantité d'engrais, on s'abstiendra de fumer de nouveau les trèfles; cette nouvelle fumure, faite avec des fumiers ordinaires , aurait d'ailleurs l'inconvénient de jeter dans le sol un grand nombre de graines de mauvaises herbes qui viendraient par leur développement nuire à la végétation du trèfle.

Mais si l'on veut activer la croissance de cette plante , on peut , avec certitude de succès , répandre sur le sol d'autres engrais contenant en principe des alcalis , de la chaux , de la magnésie et des acides phosphoriques. Ces substances sont contenues dans les cendres , la charrée, les cendres de tourbe, celles vitrioliques , le plâtre , le noir animal des raffineries , les os en poudre fine , les composts formés de sel marin , de marne ou de craie, bien achevés, les urines des bestiaux et de l'homme, les matières fécales , la poudrette, etc , ainsi que tous les autres liquides chargés de substances salines.

Les terres argileuses doivent être fortement marnées pour produire de bonnes récoltes. Le chaulage convient aussi très bien et produit plus vite ces effets avantageux.

La bonne graine de trèfle doit être d'un jaune-clair, mêlé de bleu, un peu luisante. Si elle est brune ou terne , il faut s'en méfier. Comme il est important de couvrir très peu la graine de trèfle , on ne la sèmera qu'après la semence de la céréale à laquelle elle est associée ; 1 ou 2 centimètres de couverture suffiront.

Il faut environ 15 kilog. de semence de trèfle par hectare : Il n'y a d'autres soins à donner au trèfle pendant sa végétation , que de lui appliquer les amendements ou engrais supplémentaires que pourrait réclamer son état de langueur provenant de l'épuisement du sol ou des matières salines et calcaires dont il est privé.

L'emploi du trèfle , en vert ou en sec , est trop connu pour que je m'étende sur cet article. La première année il donne peu et ne produit même souvent rien , si l'année n'a pas été chaude et humide au commencement de l'été ; mais il donne d'excellentes récoltes l'année suivante.

L'assolement que j'ai établi ne permet pas de conserver le trèfle plus d'une année , puisqu'il faut qu'il fasse place à la céréale d'hiver qui doit lui succéder.

Toutefois , si , en raison de la mauvaise réussite de la graine de trèfle semée au printemps de l'année où l'on doit défricher la vieille plante , on se trouvait dans la nécessité de conserver celle-ci une année de plus , et qu'elle fût assez vigoureuse pour subir cette prolongation de durée, on prendrait pour la céréale d'hiver le terrain où l'on aurait semé ce nouveau trèfle ; mais on aurait soin de donner à cette terre une nouvelle fumure pour remplacer celle dont l'absence de la prairie artificielle l'a privée.

Au-delà de deux ans , le trèfle ne remplit plus les conditions pour lesquelles il a été introduit dans l'assolement , soit pour son rendement, soit pour les principes fertilisants qu'il apporte au sol.

Lorsque l'on veut récolter la graine de trèfle , on fauche de bonne heure la première coupe, pour donner le temps à la seconde, celle qui doit fournir la graine, de mûrir et de sécher. Le trèfle transformé en foin, perd environ les deux tiers de son poids, en se desséchant.

Compte de culture d'un hectare de trèfle rouge semé dans l'avoine de printemps, succédant à une récolte sarclée et fumée.

DÉPENSE.

La moitié des frais de préparation du sol étant au compte de l'avoine, reste pour le trèfle................	21 f.	c.
Un roulage......................... ...	2	
Semence, 15 kil. à 1 fr. 40 c. le kil..........	21	
Répandre la semence....	1	
Un hersage pour la recouvrir.............	2	
Un roulage.......................	2	
Plâtrage : 3 hectolitres de plâtre cru, à 1 fr. 80 c. l'hectolitre...............................	5	40
Répandre le plâtre.	1	
Fauchage, fanage et emmagasinage des 2 coupes.	30	
Intérêt pendant un an, à 5 p. 0/0, du prix de 7,500 kilog. de fumier non absorbés par la récolte précédente, à 10 fr. les 1,000 kilog., y compris le transport et l'étendage.........................	3	75
Loyer de la terre pendant un an...	40	
Frais généraux d'exploitation...............	15	
Intérêt, à 5 p. 0/0, pendant un an, des frais ci-dessus.	7	20
	151	35

PRODUIT.

6,000 kilog. de fourrage sec à 60 fr. les 1,000 kil.	360	

BALANCE.

Produit................................	360	
Dépense...............................	151	35
Bénéfice net............................	208	65

Soit 125 p. 0/0 du capital employé.

Trèfle blanc.

Le trèfle blanc, trèfle rampant, petit trèfle de Hollande, qui croît spontanément dans presque toutes nos prairies, est destiné, en raison du peu d'élévation qu'il prend et de ses qualités très nutritives et peu échauffantes, à être mangé sur place par les vaches laitières et par les moutons auxquels il ne cause aucun mal.

Ce trèfle est plus rustique que le précédent, s'accommode mieux que lui des terres sèches et légères, ainsi que des sols très humides. Les terrains frais, légers et riches en éléments calcaires, sont ceux qu'il préfère.

Sa place dans la rotation est la même que celle du trèfle rouge.

Ce qui a été dit pour la culture du trèfle rouge s'applique également à celle du trèfle blanc. Seulement la graine de ce dernier étant beaucoup plus fine, on doit l'enterrer moins encore. La quantité de semence doit être aussi moins considérable; elle est de 9 à 10 kilog. par hectare. Une excellente pratique, c'est de répandre de la cendre au moment des semailles.

Le trèfle blanc, pâturé la première année de son ensemencement, peut causer la météorisation ou gonflement des bestiaux. Il est donc prudent de ne leur faire manger ce trèfle qu'à la seconde année, ou si l'on était dans la nécessité d'en agir autrement, il y aurait lieu de prendre, comme pour le trèfle rouge et toutes les autres espèces de trèfle, les précautions suivantes :

1° Avoir soin de ne pas faire succéder immédiatement la nourriture verte à la sèche, ce qu'on obtient en mêlant le produit de la nouvelle récolte avec l'ancienne; 2° donner d'autant moins du fourrage vert qu'il est plus succulent; 3° éviter de le faire manger lorsqu'il est mouillé par la rosée; 4° s'il est donné à l'étable, ne pas le laisser flétrir au soleil ou s'échauffer en tas; 5° éviter de faire boire les animaux aussitôt après qu'ils ont mangé cette nourriture; 6° enfin, au printemps surtout, ne laisser, dans les commencements, les animaux que pendant peu de temps à la fois sur les pâtures.

Le rendement du trèfle blanc est un peu inférieur à celui du trèfle rouge et son compte de culture donne des résultats un peu moins satisfaisants.

Trèfle incarnat.

Le trèfle incarnat, farouch ou trèfle de Roussillon ne donne qu'une coupe, et son fourrage sec est de beaucoup inférieur à celui des espèces ci-dessus. Mais il offre cet avantage de donner un fourrage vert de bonne qualité, recherché par les bestiaux et surtout plus précoce que celui d'aucune autre espèce.

Il est peu exigeant sous le rapport des soins de la culture et peut très bien aussi entrer dans l'assolement, comme récolte intercalaire.

Cette espèce de trèfle demande des terres peu tenaces, qui s'égouttent facilement; il est souvent détruit, pendant l'hiver, dans les sols compactes et dans les terres calcaires qui se gonflent beaucoup par l'action des gelées.

Mais ses produits sont très satisfaisants dans les sables et autres sols légers où les autres trèfles ne donnent que de chétives récoltes.

Un autre avantage du trèfle incarnat, c'est qu'il peut être semé à la fin de l'été, au moment où l'on peut apprécier le succès du semis de trèfle rouge, fait au printemps.

Il ne faut au trèfle incarnat qu'un labour peu profond, car il craint un trop grand ameublissement du sol.

Le trèfle incarnat n'est jamais semé avec une céréale. Il est pris comme récolte intercalaire ; mais on peut fort bien le semer, pour ne pas déranger l'assolement établi, aussitôt après la récolte de l'avoine ou de l'orge. Ses produits arriveront ainsi en même temps que ceux des autres trèfles semés avec les céréales, au printemps de l'année suivante. La graine de trèfle incarnat, pour être de bonne qualité, doit être d'un blanc jaunâtre et son aspect lisse et brillant. Dès qu'elle devient de couleur rouge-brun, elle a perdu sa qualité germinative, ou du moins ne donne que de faibles produits.

La semaille se fait du mois d'août au 15 septembre. C'est après une pluie qui a suffisamment rafraîchi la terre, qu'elle est le mieux pratiquée.

On emploie 18 à 20 kilog. de graine par hectare.

Un simple hersage suffit pour recouvrir la graine.

Cette espèce éprouve aussi d'heureux effets du plâtrage, soit après la sortie des plantes, soit au printemps suivant.

Lorsque les insectes et particulièrement les limaces attaquent la jeune plante, on fait passer le rouleau sur le terrain. Quelques cultivateurs, pour éviter ces ravages, brûlent le chaume de la céréale qui a précédé le trèfle.

Il faut faucher le trèfle incarnat, aussitôt qu'on aperçoit l'épi des fleurs, sans quoi, son développement étant très prompt, il serait desséché quelques jours après.

La récolte de trèfle incarnat est d'environ 12,000 kilog. en vert, qui n'équivalent qu'à 4,000 kilog. de fourrage sec.

Lorsqu'on le laisse croître pour la semence, il donne environ 500 kilog. de graine, à l'hectare ; quant à la paille, elle sert alors de litière.

Compte de culture d'un hectare de trèfle incarnat succédant à une céréale de mars.

DÉPENSE.

Un labour superficiel après l'enlèvement de la céréale.....................................	12 f.	c.
Un hersage...........................	2	
Semence : 20 kilog. à 70 c. le kilog.......... ..	14	
Répandre la semence.....................	1	
A reporter............	29	

Report..............	29 f.	c.
Un hersage pour la recouvrir................	2	
Plâtrage, 3 hectol. de plâtre cru, à 1 fr. 80 c. l'hect.	5	40
Répandre le plâtre en deux fois...............	2	
Fauchage en vert et transport à l'étable........	20	
Intérêt, à 5 p. 0/0, du prix de 7,500 kilog. de fumier non absorbés par la récolte précédente, à 10 f. les 1,000 kilog., transport et étendage compris...	3	75
Loyer de la terre pendant un an.............	40	
Frais généraux...........................	15	
Intérêt, pendant un an, à 5 p. 0/0, des frais ci-dessus.	5	85
	123	00

PRODUIT.

Fourrage vert équivalant à 4,000 kilog. de fourrage sec, à 60 fr. les 1,000 kilog........	240

BALANCE.

Produit....................................	240
Dépense...................................	123
Bénéfice net..............................	117

Soit 95 p. 0/0 du capital employé.

Luzerne.

Dans les terrains et sous le climat qui lui conviennent spécialement, la luzerne a la même importance que le trèfle rouge, et cette plante est d'autant plus précieuse, que ces terrains et ce climat sont précisément ceux où le trèfle rouge ne donne que de chétifs produits.

La luzerne, semée avec tous les soins qu'exige sa culture, dure un assez grand nombre d'années, et c'est là son avantage sur le trèfle rouge, car, une fois prise, on est pendant tout le temps de sa durée, sans crainte de voir manquer les semis annuels qu'exige le trèfle et toutes les plantes annuelles.

En outre, la luzerne donne, vers la fin de l'été, un fourrage vert, abondant et de bonne qualité, alors que la production du trèfle a cessé. Mais la durée prolongée de cette plante fait qu'on ne peut pas l'introduire dans un assolement régulier. Le mieux, dans les localités également propres à ces deux récoltes, est de les admettre toutes les deux dans l'exploitation. On est ainsi moins exposé aux accidents qui résultent des influences atmosphériques.

La luzerne aime la chaleur; elle redoute les hivers rigoureux et surtout les gelées tardives. Elle aime aussi une humidité modérée.

La luzerne vient dans tous les terrains qui ne sont ni trop compactes argileux, ni dans les sols trop légers et de peu de

consistance, rendus humides surtout par l'imperméabilité du
soùs-sol. Ses racines, qui peuvent acquérir plusieurs mètres de
longueur, demandent, pour s'alonger, un sol perméable jusqu'à une grande profondeur. Voilà encore pourquoi cette
plante trouve avantageusement sa place dans un terrain où
viennent d'être cultivées des racines sarclées.

La luzerne, ainsi que toutes les légumineuses, jouit de l'avantage d'améliorer le sol, soit parce qu'elle puise dans l'atmosphère une grande partie de sa nourriture, soit par les débris
de ses feuilles et de ses racines qu'elle laisse dans le sol, pendant et après sa végétation. On n'évalue pas à moins de
25,000 kilog. le volume des racines qu'elle abandonne ainsi
au sol et qui l'enrichissent par leur décomposition. Cette abondance de principes fertilisants est telle, quelquefois, que l'on
n'ose faire succéder à cette plante des céréales, qui sont alors
très sujettes à verser; mais cet inconvénient n'est pas à craindre dans ce pays, généralement, car le sol, malgré les bénéfices de ces cultures de légumineuses, n'offre jamais une richesse
de fertilité telle que les céréales soient en danger d'y verser.

La luzerne ne peut se succéder à elle-même qu'après un
intervalle de temps égal à celui de sa durée précédente, car,
tout en enrichissant la couche superficielle du sol, elle a épuisé
pour longtemps les couches inférieures où ses racines ont pé-
nétré.

Les terrains qui conviennent le mieux à la luzerne étant ceux
qui contiennent une grande quantité de carbonate de chaux,
il faut, lorsque ce principe manque au sol où doit-être cultivée
la luzerne, y introduire la marne, la chaux, ou le plâtrer fréquemment et largement; ce dernier amendement est celui
dont l'emploi est le plus facile et le plus économique.

Les engrais propres au trèfle conviennent d'ailleurs bien aussi
pour la luzerne. Les fumiers consommés, les terreaux bien
mûrs sont préférables aux engrais récents.

Bien que cette sole ne doive comprendre que des plantes
fourragères annuelles, si l'on y introduit la luzerne, on diminuera, pendant les premières années seulement, l'étendue du
terrain consacré aux plantes annuelles, d'une quantité égale à
celle qu'occupera la luzerne. Plus tard, lorsque les premières
luzernes semées auront parcouru la phase de leur végétation,
on fera rentrer la surface qu'elles occupent, dans la sole ordinaire, et ce sera, comme pour toutes les autres plantes fourragères, une céréale d'hiver qui succèdera à la luzerne.

La bonne graine de luzerne doit être jaune, luisante et pesante. Lorsque les graines sont blanches, c'est qu'elles ne sont
pas mûres; si elles sont brunes, c'est qu'elles ont été soumises,
pour les séparer de leur enveloppe, à une chaleur artificielle
trop forte Dans tous les cas, il est prudent, comme pour le

trèfle, de n'acheter des graines qu'après les avoir soumises à un essai préalable et de ne les semer qu'après les avoir froissées entre deux toiles et criblées, pour en séparer la semence de la cuscute.

La luzerne se sème au printemps, avec les céréales de mars, comme les autres plantes fourragères ; mais il faut attendre, pour cette semaille, qu'il n'y ait plus de gelées à craindre, car les jeunes pousses ne leur résisteraient pas. Ce moment est indiqué par la floraison de l'aubépine.

La semence de la luzerne est plus grosse que celle du trèfle, et les plantes tallent moins. Il en faut 20 kilog. environ, par hectare. La semaille de la luzerne ne se fait pas en même temps que celle de la céréale à laquelle elle est associée; mais, en second lieu, parce que la semence de cette légumineuse demande à être moins enterrée que celle de la céréale.

Le mélange de ces deux graines exige que la céréale soit semée plus claire que si elle était seule, sans quoi, sa trop grande abondance nuirait au développement de la luzerne.

Ainsi que toutes les légumineuses fourragères, la luzerne, pour donner de bons produits, demande à être plâtrée. On pourra appliquer cet amendement à l'automne qui suit son ensemencement ou au printemps suivant ; puis, toutes les deux années, on répète le plâtrage, afin de raviver la plante. On pourra encore, pour obtenir le même résultat, répandre, à la seconde ou troisième année, des engrais immédiatement solubles, tels que terreaux consommés, engrais liquides ou pulvérulents, etc.; c'est pendant l'hiver que cette dernière opération à lieu.

La luzerne, en se desséchant, perd 75 p. 0/0 de son poids. Son rendement est, en moyenne, dans cette contrée, de 7,000 kilog. de matières sèches.

Il ne faut pas attendre, pour rompre une luzernière, qu'il s'y soit fait de nombreuses clairières, ni que les mauvaises herbes l'aient envahie, car la récolte qui lui succède en éprouverait de graves dommages. On procèdera a ce défrichement dans le courant de l'été, et, après avoir donné au sol toutes les façons qu'il exige, on pourra semer, à l'automne, la céréale d'hiver qui prend la place de la luzerne.

Compte de culture d'un hectare de luzerne semée dans une céréale de printemps, succédant à une récolte sarclée et fumée.

1ʳᵉ ANNÉE.

DÉPENSE.

Moitié des frais de préparation du sol, au compte de l'avoine, reste pour la luzerne.................. 21 f.   c.

A reporter............... 21

Report............	21 f.	c.
Un hersage.............................	2	
Semence : 20 kilog. à 1 fr. 60 c. le kilog......	32	
Répandre la semence.....................	1	
Un hersage.............................	2	
Un roulage.............................	2	
Sarclage à la houe à main.................	8	
Un demi-plâtrage à l'automne..............	3	87
15,000 kilog. de fumier non absorbés par la récolte des racines et par la céréale, à 10 fr. les 1,000 kilog., transport et étendage compris, 150 fr.; le 1/9 de cette somme à la charge de la luzerne...	16	66
Intérêt, pendant un an, à 5 p. 0/0 de la fumure non absorbée.............................	7	66
Loyer de la terre, 40 fr.; moitié de cette dépense à la charge de la céréale, reste pour la luzerne...	20	
Frais généraux d'exploitation, 15 fr., moitié pour la luzerne:.................................	7	50
Intérêt, pendant un an, à 5 p. 0/0, des frais ci-dessus...............................	6	08
	129	77

2me ANNÉE.

Un demi-plâtrage au printemps..............	3	87
Un sarclage à la houe à main, après la première coupe..................................	8	
Fauchage, fanage, bottelage et emmagasinage de quatre coupes, à 12 fr.......................	48	
Intérêt, pendant un an, à 5 p. 0/0, de la dépense de l'année précédente......................	6	38
Loyer de la terre........................	40	
Frais généraux d'exploitation...............	15	
Intérêt, pendant un an, à 5 p. 0/0, des frais ci-dessus................................	6	06
	127	31

3mo ANNÉE.

Répandre pendant l'hiver, en couverture, une demi-fumure..........................	150	
Un hersage avec le scarificateur, à la fin de l'hiver.................................	6	
Un demi-plâtrage........................	3	87
Frais de récolte comme ceux de l'année précédente.	48	
Intérêt, pendant un an, à 5 p. 0/0, du prix de la demi-fumure non absorbée...................	3	75
Loyer de la terre........................	40	
Frais généraux d'exploitation...............	15	
A reporter............	266	62

Report. . . . . 266 f. 62 c.

Intérêt , pendant un an, à 5 p. 0/0 , des frais ci-
dessus. 13 33
_____
279 f. 95 c.

Les frais d'entretien étant à peu près les mêmes pour les
années suivantes , je ne pousserai pas plus loin ces états. Je
vais établir , en vue des produits, quel est le rendement net ,
après la troisième année , de cette culture.

Produit d'une luzernière pendant les trois premières années.

Quatre coupes, pendant chacune des années précédentes ,
en tout douze coupes, fournissant environ 28,000 kilog. de
fourrage sec, à 60 fr. les 1,000 kilog., 1,680 fr.

BALANCE.

Produit des trois années. . . . . 1,680 f.   c.
Dépense des trois années. 537   03
_____
Bénéfice net. 1,142   97

Soit 215 p. 0/0 du capital employé, sans compter la fécondité accumulée dans le sol par les débris de la luzerne.

Pour le compte de culture des années suivantes, on pourra
prendre pour base de la dépense d'entretien , comme pour les
produits , les chiffres exprimant ces deux valeurs, pendant la
seconde et la troisième année réunies, puisque, tous les deux
ans , il y aura , à peu près , les mêmes produits et les mêmes
frais à faire pour cette luzernière.

La graine de luzerne se récolte comme celle du trèfle, c'est-
à-dire à la seconde coupe de l'année où l'on va la rompre ,
car on s'exposerait à épuiser la luzernière , si on lui laissait
mûrir ses fruits, pendant les premières années de son existence.

On peut récolter, par hectare, environ 600 kilog. de graines
nues.

Luzerne lupuline.

La lupuline , ou trèfle jaune , trèfle noir, minette , est une
plante bisannuelle , croissant bien sur tous les terrains légers,
calcaires ou siliceux.

Ses produits ne peuvent être comparés à ceux du trèfle
rouge , soit pour l'abondance , soit pour la qualité ; mais elle
offre l'avantage de se développer parfaitement dans les terrains
secs, là où le trèfle ne réussit pas. Son fourrage peu abondant lorsqu'il est converti en foin, devient plus productif
lorsqu'on le fait pâturer, parce qu'il repousse sans cesse sous
la dent des bestiaux. Il forme surtout un très bon pâturage

pour les moutons et n'expose pas, comme le trèfle et la luzerne, les animaux à la météorisation.

La lupuline convient parfaitement au climat et au sol de ce pays, où la chaleur n'est pas excessive et où se rencontrent beaucoup de terrains maigres, secs, dans lesquels la luzerne reste chétive, ainsi que dans ceux calcaires, trop pauvres pour nourrir convenablement le sainfoin.

La culture de la lupuline est la même que celle du trèfle rouge. La quantité de semence est de 15 kilog. par hectare.

On la sème également avec une céréale de mars, et elle peut, dès l'automne, être pâturée. L'année suivante, on y ramène les moutons dès que la plante commence à fleurir, et l'on recommence cette opération deux ou trois fois dans le courant de l'été. Enfin, on la rompt au commencement de l'automne suivant, après y avoir fait parquer les moutons.

Compte de culture d'un hectare de lupuline semée, au printemps, dans une céréale de mars.

DÉPENSE.

Frais de culture, comme pour le trèfle rouge...	34 f.	40 c.
Semence, 15 kilog. à 60 c. le kilog..........	9	
Intérêt pendant un an, à 5 p. 0/0, du prix de 7,500 kilog. de fumier non absorbés par les récoltes précédentes, à 10 fr. les 1,000 kilog......	3	75
Loyer de la terre........................	40	
Frais généraux d'exploitation...............	15	
Intérêt, à 5 p. 0/0, pendant un an, des frais ci-dessus..	5	10
	107	25

PRODUIT.

L'équivalent de 3,000 kilog. de fourrage sec, à 60 fr. les 1,000 kilog........................	180

BALANCE.

Produit........................	180	
Dépense........................	107	25
Bénéfice net...............	72	75

Plus de 65 p. 0/0 du capital engagé.

Sainfoin.

Le sainfoin commun, aussi appelé Esparcette, Bourgogne, réussit très bien dans ces contrées. C'est une de ces plantes fécondes qui peuvent porter la richesse dans les pays pauvres.

Ses produits équivalent à ceux du trèfle rouge et de la

luzerne, et il est d'une grande importance, car c'est le seul fourrage qui puisse donner des récoltes satisfaisantes dans les terrains exposés, dès le printemps, à la sécheresse.

Le sainfoin est considéré, avec raison, comme le meilleur et le plus sain de tous les fourrages. Le lait des vaches en est meilleur et plus abondant. Consommé en vert, il n'expose pas les animaux à la météorisation comme le trèfle. Ses tiges ne deviennent pas ligneuses comme celles de la luzerne, même à l'état de pleine floraison. Mais c'est surtout comme fourrage sec qu'il est employé. Son rendement, en fourrage sec, est, à la vérité, moins élevé que celui du trèfle et de la luzerne ; mais cette différence est compensée par une meilleure qualité. Ses graines passent pour être deux ou trois fois plus nutritives que l'avoine. Elles sont recherchées avec avidité par les volailles qu'elles excitent à pondre. Un hectare de sainfoin peut en rendre jusqu'à 14 hectolitres, pesant 29 kilog. l'hectolitre.

Le sainfoin ordinaire n'a qu'une coupe ; il y en a une autre variété dite grand sainfoin, sainfoin à deux coupes, plus vigoureuse et donnant, en effet, deux coupes ; mais cette variété, pour donner ce résultat, demande un terrain de meilleure qualité que celui dont s'accommode le sainfoin ordinaire.

Le sainfoin, lorsqu'il est très jeune encore, redoute les hivers rigoureux ; mais dès qu'il est âgé de cinq ou six mois, il les supporte sans souffrir.

Le sainfoin réussit dans les terrains calcaires, mais sa culture peut s'étendre aussi à des sols légers, siliceux ou graveleux, même les plus secs, pourvu qu'ils soient soumis annuellement à un plâtrage abondant. Il ne redoute que les sols compactes, argileux, humides et surtout ceux qui retiennent l'humidité à leur couche inférieure.

Le sainfoin, en raison de sa durée assez prolongée, est, comme la luzerne, non pas en dehors de l'assolement que nous avons établi, mais il n'y rentre qu'après son épuisement. Ainsi, en cultivant en sainfoin, tous les ans, une petite portion des terrains formant la troisième sole, on arrivera, après un certain laps de temps, à avoir à défricher, chaque année, une portion égale à celle nouvellement ensemencée. Une fois cette rotation établie, les prairies artificielles de longue durée, entreront dans l'assolement de cette période, comme le font les autres prairies artificielles à produits annuels.

Le sainfoin recevra la même préparation et les mêmes soins que ceux que nous avons indiqués pour la luzerne. Il exige aussi les mêmes engrais et amendements, mais la cendre, la suie, le plâtre lui sont particulièrement avantageux ; les engrais organiques ne lui sont pas nécessaires comme aux autres plantes.

D'après notre assolement, le sainfoin doit se semer dans une céréale de mars, parce qu'ainsi le sol rapporte, la première année, une récolte qui dédommage des frais de culture, le sainfoin n'étant lui-même d'aucun produit, cette première année.

Il faut, dans ce cas, que la céréale soit semée clair, pour ne pas nuire au premier développement de la légumineuse.

La graine de sainfoin doit être peu enterrée ; comme elle est assez légère, on l'humecte pour lui donner du poids et on la mêle avec de la terre tamisée. Ce pralinage lui donne assez de pesanteur, pour qu'elle obéisse à l'action de la herse.

Il faut semer le sainfoin très dru, pour qu'il ne soit pas, la première année, envahi par les mauvaises herbes. Quatre ou cinq hectolitres de graines sont nécessaires par hectare.

Le sainfoin réclame, comme la luzerne, quelques soins destinés à entretenir sa vigueur. Ainsi, il éprouve de très bons effets du plâtrage, lorsque, dans le sol où il végète, le calcaire est dans une proportion insuffisante. On applique un premier plâtrage pendant le deuxième printemps qui suit l'ensemencement et l'on répète cette opération tous les ans.

Il faudra, chaque année, détruire, par un hersage énergique, les mauvaises herbes qui auraient envahi le sainfoin, sans quoi il serait détruit avant peu.

La récolte du sainfoin se fait comme celle de la luzerne. La première coupe se rentre seule, car la seconde est si peu abondante, qu'il est préférable de la faire consommer sur place par les bestiaux ; mais on doit exclure de ce pâturage les bêtes ovines, car elles rongent le collet des plantes, et comme le sainfoin ne repousse pas de racines, ainsi que la luzerne, ce pâturage, répété pendant deux années de suite, suffirait pour détruire complètement le sainfoin.

Par les mêmes motifs, il est prudent de ne faire ni pâturer, ni faucher le sainfoin pendant la première année de sa végétation.

Le sainfoin vit moins longtemps que la luzerne. Son existence est de trois ans au moins et de sept ans au plus.

Compte de culture d'un hectare de sainfoin semé, au printemps, dans de l'avoine succédant à une récolte sarclée et fumée.

DÉPENSE POUR CINQ ANNÉES.

La moitié des frais de préparation du sol, au compte de l'avoine, soit pour le sainfoin.................. 34 f. 40 c.
Semence, 4 hectolitres 50 litres à 17 fr. l'un.... 76 50
Répandre la semence...................... 1
Un hersage. 2
À reporter.............. 113 90

Report............	113 f.	90 c.
Un roulage.......................	2	
Quatre plâtrages de 3 hectol. de plâtre cru, à 6 fr. 40 c. l'un............................	25	60
Trois hersages avec la grande herse, à 3 fr. l'un.	9	
Répandre 15 hectol. de suie ou de cendres, par an, pour trois opérations semblables; 45 hectol. à 3 fr.	135	
Fauchage, fanage, emmagasinage des cinq coupes à 15 fr..................................	75	
Intérêt, pendant cinq ans, à 5 p. 0/0 du prix de 7,500 kilog. de fumier non absorbés par la récolte précédente, à 10 fr. les 1,000 kil., 3 fr. 75 c. par an.	18	75
Loyer de la terre pendant 5 ans, à 40 fr. par an.	200	
Frais généraux d'exploitation pendant cinq ans, à 15 fr. par an..............................	75	
Intérêt moyen, pour cinq années, à 5 p. 0/0 des frais ci-dessus, à 32 fr. 70 c. par an............	163	50
	817	75

PRODUIT.

Quatre coupes donnant chacune un produit moyen de 4,000 kilog. de fourrage sec, soit 16,000 kilog. à 60 fr. les 1,000 kilog..........	960
Quatre regains, équivalant chacun à 1,000 kilog. de fourrage sec, soit 4,000 kilog. à 60 fr., ci....	240
	1,200

BALANCE.

Produit.................	1,200	
Dépense.............................	817	75
Bénéfice net.................	382	25

Soit 45 p. 0/0 du capital employé, non compris l'équivalant de 2,500 kilog. de fumier accumulés dans le sol par les débris successifs du sainfoin et pouvant être évalués à 250 fr.

Vesces.

Je fais entrer la culture des vesces et jarousses d'une manière régulière dans mon assolement, d'abord, parce que ces plantes sont d'une grande utilité pour les terrains où le trèfle et la luzerne ne peuvent réussir, et ensuite, parce qu'il devient nécessaire de faire alterner cette culture avec celle du trèfle, afin d'empêcher le retour trop fréquent de ce dernier sur le même sol.

Les vesces donnent un très bon fourrage, soit vert, soit sec; mais cette nourriture convient mieux aux bêtes de travail et aux moutons qu'aux vaches laitières.

Bien que la vesce soit plus particulièrement cultivée comme

fourrage, toutefois, la grande consommation que l'on fait de sa graine, soit pour la nourriture des pigeons, soit pour l'engraissement des bœufs, donne une certaine valeur à sa fructification.

La vesce introduite dans cet assolement est celle d'hiver, qui se sème à l'automne, après l'enlèvement de la céréale de printemps. Si l'on manquait cette époque, on pourrait la semer encore au printemps suivant, mais ses produits sont alors moins hâtifs et moins abondants.

Les vesces peuvent, sans inconvénient, revenir plus souvent que le trèfle sur le même terrain. Elles sont aussi peu difficiles sur les récoltes auxquelles elles succèdent.

La vesce se plaît particulièrement dans les terres compactes, argileuses, mais non très humides.

La vesce est peu difficile sur la préparation du sol ; il lui suffit d'un seul labour suivi d'un hersage, immédiatement avant l'ensemencement.

Cette plante n'exige pas une terre richement fumée ; sa récolte souffrirait cependant dans un sol trop épuisé ; dans le cas où il en serait ainsi et même dans l'intérêt de la récolte suivante, on peut répandre, au printemps, en couverture, une bonne fumure, si l'on n'avait pas assez de fumier pour en donner au sol avant l'ensemencement.

Il faut un hectolitre et demi de semence, par hectare, pour la vesce de printemps, et deux hectolitres pour celle d'hiver.

Comme les tiges de cette plante ont besoin, pour donner de plus grands et de meilleurs produits, d'être soutenues par quelques plantes plus fermes et plus élevées qu'elle, on mélange à la graine de vesce une certaine quantité d'avoine ou de seigle. On remplace alors ordinairement un quart de la graine principale, par celle qu'on veut lui associer. Ce que je viens de dire pour la vesce s'applique également à la jarousse, plante de même qualité pour son fourrage et demandant la même culture.

Compte de culture d'un hectare de vesces d'hiver, cultivées après une céréale de printemps.

Un labour profond.........................	24 f.	c.
Un hersage...............................	2	
Semaille de la vesce à la volée..............	1	
Semaille de l'avoine ou du seigle associé......	1	
Semence de vesce, 2 hectolitres, à 12 fr. l'hectol.	24	
Semence de l'avoine, 1 hectolitre..........	12	
Un hersage...............................	2	
Fauchage et transport.....................	12	
A reporter...........	78	

Report............	78 f.	c.

Intérêt, à 5 p. 0/0, pendant un an, du prix de 20,000 kilog. de fumier existant dans le sol, à 10 fr. les 1,000 kilog., y compris les frais de transport et d'étendage........................... 10

Loyer de la terre....................... 40

Frais généraux d'exploitation................ 15

Intérêt pendant un an, à 5 p. 0/0, des frais ci-dessus.................................... 7 85

150 85

PRODUIT.

4,000 kilog. de fourrage sec, à 60 fr. les 1,000 k. 240

BALANCE.

Produit.................................. 240

Dépense................................. 150 85

Bénéfice net................... 89 15

Si l'on a cultivé la vesce dans le but d'obtenir sa graine, on aura les résultats suivants :

PRODUIT.

Quinze kilog. de grain à 12 fr................ 180

Paille, 2,912 kilog. équivalant à 1,942 kilog. de foin sec, à 60 fr. les 1,000 kilog............. 116 52

296 52

BALANCE.

Produit................................... 296 52

Dépense comme ci-dessus, plus 14 fr. pour battage du grain............................ 164 85

Bénéfice................... 131 67

Dans le premier cas, 60 pour 0/0 du capital employé.

Dans le second cas, 70 pour 0/0 du capital employé.

Non compris la bonification qu'apporte au sol la culture de cette plante qui, par ses débris, le fertilise d'une part, et, d'autre part, le purge, par l'état serré et rampant de ses tiges qui étouffent les mauvaises herbes.

Gesse-Chiche ou Jarousse, pois carré, etc.

La jarousse se cultive comme la vesce ; elle a les mêmes propriétés fertilisantes et donne des produits similaires, en tous points, à ceux de la vesce. Elle réussit sur les terres calcaires les plus pauvres et supporte plus facilement les froids rigoureux que la vesce d'hiver; son fourrage est très échauffant ; sa graine est un aliment dangereux pour l'homme et pour le cheval.

6.

Ces deux espèces occuperont, avec avantage, les terrains où l'on ne pourrait mettre de nouveau du trèfle, après une seule rotation de l'assolement.

Il est encore plusieurs autres plantes fourragères peu en usage dans ce pays et dont l'emploi lui serait cependant profitable. Je dirai quelques mots seulement de chacune de ces espèces. Le cultivateur pourra néanmoins, dans le bref exposé que j'en ferai, juger s'il peut avoir recours utilement à leur introduction dans son assolement.

Lentilles.

La lentille fournit des semences très nourrissantes pour l'homme et un excellent fourrage pour les bestiaux. Ces semences sont souvent attaquées par une sorte de puceron, larve de bruche, qui les dévore. On les en débarrasse par une exposition au four ou à l'étuve, après laquelle on les crible et on les vanne.

Les fanes fauchées, lorsque les gousses sont déjà formées, procurent un fourrage peu abondant, mais tellement riche en principes nutritifs, qu'on ne peut le donner aux bestiaux, en sec, qu'avec modération.

Les espèces de lentilles qu'on emploie dans la grande culture sont la lentille commune et la lentille uniflore. Cette dernière peut supporter les hivers du nord.

La lentille s'accommode de tous les climats de France. Elle redoute les sols compactes et argileux et souffre moins de la sécheresse et de la chaleur que de l'humidité. Aussi préfère-t-elle les terrains légers, sableux, ou calcaire-argileux.

Un seul labour, suivi d'un hersage, suffit pour préparer le sol. Quant à la nature des engrais et amendements, ils sont les mêmes que pour les pois et les vesces ; toutefois, les lentilles aiment les engrais consommés.

Les lentilles n'enrichissent pas autant le sol que les autres plantes fourragères dont nous avons parlé précédemment, mais elles ne l'appauvrissent pas non plus.

Dans cet assolement, la lentille peut se semer, soit à l'automne, après l'enlèvement de la céréale de mars, soit au printemps suivant.

La meilleure méthode de culture est de la semer en lignes, distantes de 0 m. 50 c. environ, parce qu'elle donne alors lieu à des façons qui préparent bien la terre pour la céréale d'hiver qui lui succède. Néanmoins, on peut, comme pour la vesce, pratiquer l'ensemencement à la volée, surtout si l'on ne doit pas laisser mûrir la graine et la couper en vert pour fourrage. Dans le premier cas, un hectolitre de graine suffit pour l'ensemencement. Pour le semis à la volée, il en faut deux hectolitres.

La récolte des lentilles, pour graines, se fait dès que l'on voit que les gousses commencent à brunir, bien que les tiges soient encore vertes. Si l'on attendait davantage, les gousses s'ouvriraient et les graines s'échapperaient.

Compte de culture d'un hectare de lentilles cultivées après une céréale d'été.

DÉPENSE.

	f.	c.
Un labour................................	18	
Un hersage...............................	2	
Passage du rayonneur pour tracer les sillons....	5	
Répandre la semence avec le semoir à brouette..	1	
Semence : 1 hectol. 5 litres à 25 fr. l'hectol....	26	25
Un hersage avec la herse retournée...........	2	
Un binage avec la houe à cheval.............	5	
Un buttage avec la houe à cheval............	5	
Arrachage et transport.....................	10	
Battage et nettoyage du grain...............	12	
Intérêt à 5 p. 0/0, pendant un an, du prix de 20,000 kilog. de fumier existant dans le sol, à 10 fr. les 1,000 kilog., transport et étendage compris....	10	
Loyer de la terre........................	40	
Frais généraux d'exploitation...............	15	
Intérêt à 5 p. 0/0, pendant un an, des frais ci-dessus.....................................	7	55
Total........	158	80

PRODUIT.

Grain : 13 hectolitres à 25 fr. l'un...........	325	
Paille : 1,785 kilog. équivalant à 1,120 kilog. de foin sec, à 60 fr. les 1,000 kilog.............	67	20
	392	20

BALANCE.

Produit..................................	392	20
Dépense.................................	158	80
Bénéfice net.........	233	40

ou 150 p. 0/0 du capital employé.

Colza, navette, choux de Chine, pour fourrage.

Ces trois espèces, que l'on ne cultive, dans ce pays, que comme plantes oléagineuses, offrent aussi de très grands avantages comme plantes fourragères.

Leurs produits sont très recherchés des bestiaux et ils conviennent surtout aux vaches laitières, aux bêtes à laine et plus particulièrement encore aux brebis nourrices et à leurs agneaux.

Ce fourrage est d'autant plus précieux, qu'il fournit une nourriture verte, à la fin de l'automne, en hiver et au commencement du printemps, avant l'apparition des fourrages nouveaux.

C'est le plus souvent comme récolte intercalaire, avant une récolte principale, qu'on cultive ces plantes. Ainsi, à la fin de l'été, aussitôt après la récolte d'une céréale, on enterre les chaumes par un labour, on herse, puis on répand la semence à la volée et on la recouvre par un léger hersage. Dès la fin de l'automne, si l'ensemencement a été fait de bonne heure, on peut commencer à faire consommer le fourrage, et l'on continue pendant tout l'hiver, jusqu'au printemps, au moment où les plantes commencent à fleurir. Ce fourrage peut être pâturé sur place ou fauché et consommé à l'étable.

Comme ces plantes repoussent après avoir été pâturées une première fois, on peut en obtenir plusieurs récoltes successives.

Le Colza est la plus productive de ces trois espèces, mais il exige une terre plus riche et plus substantielle.

On répand 4 à 5 kilog. de graines par hectare.

La Navette d'hiver est réservée pour les terrains plus légers et moins riches. Quant à la *navette d'été*, la moins productive des trois, elle est cependant préférée, parfois, à la précédente, pour la plus grande précocité de son fourrage ; mais elle craint les hivers rigoureux.

On emploie, pour l'une et pour l'autre, 10 à 12 kilog. de semence par hectare.

Quelquefois, on associe à ces plantes d'autres fourrages précoces, tels que le trèfle incarnat, la vesce d'hiver, etc. Il en résulte une excellente nourriture pour les animaux.

Le Choux de Chine est nouvellement introduit en France. Ce qui recommande cette plante, c'est la qualité supérieure de ses fanes pour la nourriture des bestiaux. Semé en mars, il est en fleurs à la fin d'avril ; semé en octobre, il offre, dès le 15 mars, plus d'un mètre de développement et entre en floraison à la fin du même mois, tandis qu'à cette époque le colza et la navette montrent à peine leurs boutons. C'est donc un des fourrages les plus succulents ; mais il ne résiste pas toujours aux derniers froids de l'hiver.

Moutarde blanche.

La moutarde blanche jouit aussi de la triple propriété de pouvoir être cultivée comme engrais vert, comme fourrage et comme plante oléagineuse. Mais c'est comme plante fourragère seulement que j'en parle ici.

Semée comme récolte intercalaire, à diverses époques de l'année, depuis février jusqu'en septembre, elle fournit un fourrage vert d'assez bonne qualité et qui convient surtout aux vaches laitières auxquelles on peut la faire pâturer jusqu'à la fin de décembre.

L'ensemencement de cette plante se fait comme celui de la navette; on emploie la même quantité de semence.

Pastel.

Le pastel, dont il n'est question ici que comme fourrage, est une plante bisannuelle qui, en raison de sa grande rusticité et surtout de sa précocité, est utilisée comme fourrage printanier ; les moutons le mangent volontiers ; les bœufs le repoussent d'abord, mais ils s'y habituent bientôt.

Le pastel, cultivé comme fourrage, peut être semé sur des terres médiocres, pourvu qu'elles soient bien égouttées et qu'elles offrent, dans leur composition, une notable proportion de calcaire. On sème à la volée, au printemps ou à la fin de l'été, sur un sol bien préparé. La quantité de semence est de 10 à 12 kilog. par hectare. Si l'ensemencement a été fait au printemps, le pâturage pourra commencer à l'automne et continuer jusqu'à la fin du printemps suivant. Si l'on n'a semé qu'à l'automne, on ne fera consommer ce fourrage qu'au printemps.

Spergule.

La spergule donne un fourrage qui, vert ou sec, est d'excellente qualité pour les vaches laitières. Il passe pour améliorer singulièrement la qualité du beurre. Il convient, du reste, à tous les bestiaux. Ses semences sont aussi, dit-on, très nourrissantes.

La rapidité de la croissance de cette plante est telle qu'on peut en obtenir une série de récoltes successives pendant tout l'été, en variant les époques d'ensemencement. Enfin, comme elle partage avec les légumineuses, la faculté de puiser dans l'atmosphère une grande partie de ses éléments nutritifs, elle est plutôt améliorante qu'épuisante pour le sol. Cette propriété, jointe à la rapidité de son développement, la rend aussi propre à être cultivée comme un engrais vert.

La spergule aime les climats humides, brumeux, pluvieux ; néanmoins, elle réussit bien aussi dans ceux de température moyenne. Quant aux sols où elle prospère, ce sont les terres siliceuses ou sablo-argileuses très perméables et qui conservent un peu de fraîcheur en été, soit par l'humidité atmosphérique, soit par celle du sous-sol.

La spergule, dans cet assolement, doit être regardée comme culture principale, ainsi que toutes les autres plantes fourragères de cette sole ; on doit donc la semer après l'enlèvement de la récolte de céréales de mars dont elle prend la place.

On la sème à diverses époques, jusqu'à la fin de l'année, et même au printemps suivant, pour avoir des produits pendant tout l'été. Cette plante n'épuisant pas le sol, l'améliorant même, devient une très bonne préparation pour les céréales d'hiver qui doivent lui succéder.

La spergule, offre, comme la vesce et la jarousse, un moyen de remettre en prairie artificielle un terrain qui, à la rotation précédente, aurait été cultivé en trèfle, cette dernière légumineuse ne pouvant, comme on le sait, se succéder sur le même sol à une distance aussi rapprochée.

La spergule ne demande qu'une préparation très simple du sol; on laboure très peu profondément, puis on herse, de façon à bien pulvériser la couche superficielle. Quant à l'engrais, il lui en faut peu puisqu'elle vit, en grande partie, par l'influence des agents atmosphériques. Elle est donc peu exigeante sous tous les rapports et son introduction dans nos contrées, serait d'un très bon effet.

Il faut environ 15 kilog. de graines de spergule par hectare. On enterre peu la graine, qui est très fine et un léger hersage suffit pour la recouvrir. On donne ensuite un coup de rouleau.

La spergule se récolte en fourrage vert ou en foin et de la même manière, dans l'un et l'autre cas, qu'on agit pour le trèfle. Une longue pluie survenue après la coupe ne lui fait guère perdre de sa qualité. C'est là encore un de ses plus précieux avantages.

Les graines de spergules sont employées aussi à l'alimentation des bestiaux. On les considère comme plus nutritives que les tourteaux de colza. On les fait broyer au moulin et on les donne aux chevaux et aux vaches laitières. Elles augmentent la quantité et la qualité du lait.

Compte de culture d'un hectare de spergule, comme récolte principale et précédant une récolte de céréales d'hiver.

DÉPENSE.

Un labour superficiel	14 f. c.
Un hersage	2
Semence, 15 kilog. à 1 fr.	15
Répandre la semence	1
Un roulage	2
Récolte	15
Intérêt, à 5 p. 0/0, pendant un an, de 8,000 kilog. de fumier non absorbés par les récoltes précédentes, à 10 fr. les 1,000 kilog., y compris les frais de transport et d'étendage	5
Loyer de la terre pendant un an	40
A reporter	94

Report............	94 f.	c.
Frais généraux d'exploitation............	15	
Intérêt pendant un an, à 5 p. 0/0, des frais ci-dessus.........	5	45
Total........	114	45

PRODUIT.

3,500 kilog. de fourrage sec, équivalant à 3,150 kilog. de foin naturel, à 60 fr. les 1,000 kilog.....	189

BALANCE.

Produit..........................	189	
Dépense................	114	45
Bénéfice net	74	55

Près de 60 pour 0/0 du capital employé.

Chicorée.

La chicorée sauvage, comme plante fourragère, offre les avantages suivants : son fourrage est assez précoce ; on peut en obtenir trois coupes successives dans la même année. Employé en vert, les moutons et les porcs le mangent avidemment ; les vaches le repoussent d'abord, mais elles s'y habituent bientôt. Pour éviter que cette plante donne un goût amer au lait et au beurre, on la mélange avec d'autres fourrages. La chicorée a un effet très tonique sur les bestiaux et les rend moins sujets aux maladies.

En résumé, cette plante, qui ne doit occuper qu'une place restreinte dans cette sole, convient parfaitement, lorsqu'elle est mélangée avec d'autres fourrages, aux moutons, aux vaches, aux porcs et même aux chevaux, surtout au printemps. Comme fourrage sec, elle est assez médiocre.

La chicorée s'accommode de tous les climats et de toutes les natures de sol, pourvu qu'ils soient profonds ; elle donne de bons produits dans les argiles compactes. Ses racines profondes la font résister à la sécheresse dans les terrains légers ; mais elle aime surtout les sols de consistance moyenne, riches en éléments calcaires.

La chicorée peut durer plusieurs années. Ainsi, on la conservera selon les besoins de l'exploitation et l'état dans lequel elle se maintiendra.

Le blé lui succède avantageusement, car elle n'épuise pas la surface du sol.

La semaille de la chicorée se fait au printemps. On mélange sa graine avec celle d'une céréale de mars, comme cela a été dit pour le trèfle.

On répand 12 kilog. de semence par hectare.

Si l'on veut récolter la graine de cette plante, on attend la dernière année de sa végétation, parce que, recueillie dans les premières années, la plante serait épuisée par cette fructification et périrait bientôt après. C'est sur la première coupe de cette dernière année qu'on doit prendre la semence.

Les racines que laisse dans la terre la chicorée, après sa destruction, ne nuisent pas à la céréale qui la suit. D'ailleurs, un bon coup d'extirpateur et plusieurs hersages donnés en tous sens enlèvent celles qui resteraient à une certaine profondeur.

Ivraies.

De toutes les espèces d'ivraies connues, l'ivraie ou ray-gras de Bretagne est la seule qui puisse être employée avantageusement pour la grande culture.

L'avantage de cette culture est de pouvoir être faite dans les terrains de bruyères, humides et maigres où l'on ne pourrait cultiver aucun autre fourrage. Elle a également réussi sur des sables argileux, tenaces, caillouteux, très secs en été et humides en hiver.

L'ivraie est une plante assez épuisante et qu'il est bon de ne conserver qu'une année ou deux.

Elle se sème seule, après la récolte de la céréale de mars, à l'automne ou au printemps suivant, car elle croît si vigoureusement, dès la première année de son semis, qu'elle étoufferait la plante qui lui serait associée.

On répand 50 kilog. de semence par hectare.

Le fourrage de l'ivraie est meilleur vert que sec. Mélangée par moitié avec le trèfle incarnat, l'ivraie donne un excellent fourrage vert.

Compte de culture d'un hectare d'ivraie d'Italie conservée pendant deux ans.

DÉPENSE.

Préparation du sol comme pour l'avoine........	42 f.	c.
Semence : 50 kilog. à 0 fr. 50 c. le kilog.......	25	.
Répandre la semence......................	1	
Un hersage...............................	2	
Un roulage................................	2	
Fauchage et transport de six coupes en deux ans.	50	
30,000 kilog. de fumier à 10 fr. les 1,000 kilog., y compris les frais de transport et d'étendage, 300 fr. les 5/6 de cette somme à la charge des deux récoltes d'ivraie.................................	250	
Intérêt, à 5 p. 0/0, pendant deux ans, de la fumure non absorbée..........	5	
A reporter.............	377	

Report...............	377 f.	c.
Loyer de la terre pendant deux ans............	80	
Frais généraux d'exploitation, à 15 fr. par an...	30	
Intérêt, pendant 18 mois, des frais ci-dessus ..	36	52
Total........	523	52

PRODUIT.

16,000 kilog. de fourrage sec, en deux ans, équivalant à 14,000 kilog. de foin naturel, à 60 fr. les 1,000 kilog............................. 840

BALANCE.

Produit......	840	
Dépense..........	523	52
Bénéfice.......	316	48

Soit environ 60 p. 0/0 du capital employé.

Moha.

Le moha ou millet de Hongrie est une plante dont la graine germe facilement, alors que la sécheresse arrête la végétation des autres espèces fourragères. C'est donc un fourrage précieux pour nos terres si facilement desséchées dès le printemps, quand cette saison n'est pas pluvieuse.

Les tiges de cette plante sont pourvues de feuilles nombreuses qui donnent un excellent fourrage vert également goûté par tous les bestiaux.

Le moha s'accommode de tous les climats de la France; mais s'il donne des produits dans les sols les plus légers et les plus secs, c'est dans les terres de consistance moyenne et suffisamment fraîches, qu'on en obtient les plus grands résultats.

Cette plante occupe, dans la succession des récoltes, la même place que celle des plantes fourragères dont il vient d'être question. Il lui faut un terrain bien ameubli et riche en engrais et le même mode de culture qu'au trèfle rouge.

Il faut dix kilog. de semence par hectare. Le rendement du moha s'élève, dans les circonstances favorables, à 10,000 kilog. de fourrage sec, par hectare. Ce fourrage égale presque celui des meilleures prairies naturelles.

Le millet ou panis d'Italie et le millet commun sont aussi cultivés comme fourrage vert. Ils demandent la même préparation du sol que l'espèce précédente; leur fourrage, tout aussi abondant, passe pour être un peu moins nourrissant que celui du moha.

Sorgho.

Le sorgho fournit aussi un excellent fourrage vert, mais il convient plus spécialement aux contrées du Midi. Il doit être placé dans un terrain frais en été, substantiel et richement fumé. On le cultive comme le moha dont il égale au moins le produit.

Je n'ajouterai pas à ce chapitre plusieurs plantes de la famille des céréales que l'on convertit, dans quelques contrées, en fourrage ou en engrais verts. Ces plantes alimentaires ne pouvant, sans porter un grave préjudice au cultivateur, être employées à cet usage, dans ce pays où les récoltes de céréales sont à peine suffisantes pour les besoins locaux. Je laisserai donc le maïs, l'avoine d'hiver, le seigle, l'orge escourgeon d'hiver à la culture des céréales fructifères et me contenterai, pour former nos prairies artificielles, des nombreuses plantes dont j'ai indiqué ci-dessus les noms et dont j'aurais pu encore augmenter le nombre en lui ajoutant le dactyle pelotonné, le pied d'oiseau, le lupin, l'ajonc, etc. Mais il ne m'a pas paru utile de m'étendre davantage sur le chapitre, déjà très long, des plantes fourragères. Les agriculteurs qui voudraient faire usage des dernières espèces que je viens d'indiquer, pourront en faire, en petit, l'essai dans leur exploitation ; mais ces espèces n'apporteraient pas un profit bien sensible à leur culture et pourraient, au contraire, par le peu d'usage qu'ils ont de leur emploi, leur causer des mécomptes dont il est toujours prudent d'éviter l'occasion.

4ᵐᵉ SOLE.

CÉRÉALES D'HIVER ET PLANTES INDUSTRIELLES.

Blé.

De toutes les cérérales, c'est le blé qui occupe le premier rang. C'est lui, en effet, qui fournit la farine de meilleur goût, la plus nourrissante, celle qui a le plus de valeur dans tous les pays.

Les nombreuses espèces et variétés du blé peuvent être distribuées en deux genres : les froments et les épeautres.

LES FROMENTS. — Le genre froment renferme toutes les espèces dont les graines se détachent nues de l'épi par le battage.

On distingue les espèces suivantes :

Froment touselle. — Cette espèce est la plus estimée, à cause de la qualité de son grain. Elle est aussi la plus généralement cultivée. Les variétés les plus recommandables sont celles suivantes :

Blé d'hiver commun. — Il est rustique et réussit bien dans les terres argileuses, compactes. Il en existe une sous-variété connue sous le nom de *blé anglais*, *blé rouge d'écosse*, dont la paille est plus haute, plus forte et les épis plus allongés. Cette variété est plus productive , sans être plus délicate.

Blé de mars commun. — C'est le *Trémois* du Berri.

Blé blanc de Flandre , Blanc-Zée, etc. — C'est un des blés les plus beaux et les plus productifs ; il préfère les terres substantielles un peu fraiches.

Blé de Hongrie. — Il préfère les terres de consistance moyenne , pas trop humides.

Blé de Saumur. — Gros grain, bien plein. Donne d'abondants produits dans les terres de consistance moyenne. Il redoute les localités humides.

Froment saisette ou à épis barbus. — Ce genre est moins recherché que les variétés précédentes. La paille , plus ferme , est moins propre à la nourriture des bestiaux. Les barbes qui accompagnent les épis , se mêlant à la paille, par le battage, empêchent celle-ci d'être mangée par les bestiaux, très avides, au contraire, de celle qui provient des variétés imberbes. De plus, le grain des variétés barbues offre toujours une enveloppe plus épaisse et donne, à poids égal, moins de farine.

Je ne conseillerai donc pas cette variété à nos cultivateurs, pas plus que le blé poulard qui offre les mêmes inconvénients , bien que ceux-ci aient sur les premiers l'avantage de s'accommoder très bien des terres nouvellement défrichées, des sols humides et même demi-tourbeux, où les autres espèces verseraient. Leur fécondité est extrême, mais la perte qu'on éprouve par l'épaisseur de l'écorce du grain leur enlève le bénéfice de leur abondance, et, d'ailleurs, la farine qu'ils produisent est médiocre.

EPEAUTRE. — Ce second genre comprend les espèces dont la balle reste adhérente au grain, après la maturité. Cet inconvénient fait que l'épeautre est beaucoup moins cultivé que les espèces précédentes. Si ce genre n'est pas très difficile sur le choix du terrain et résiste mieux à l'humidité , il craint, en revanche, les hivers rigoureux. L'épeautre sans barbe est celui qui supporte le mieux ces inconvénients d'humidité et de froid.

Le choix à faire parmi les diverses espèces et variétés de blés qui viennent d'être décrites , est indiqué par ce qui a été dit de la qualité des produits de chacune d'elle et de leur exigence à l'égard du climat et de la nature particulière du terrain.

Les terrains qui conviennent au blé sont ceux de consistance moyenne , conservant pendant l'été un peu de fraicheur et contenant, soit naturellement, soit artificiellement, une certaine quantité de principes calcaires. Le blé , craignant les terres salies par les mauvaises herbes et un sol trop fraîchement remué, succède parfaitement aux prairies artificielles défrichées de bonne heure (trèfle, luzerne et sainfoin) , aux vesces, jarousses , pois gris , fumés et coupés en vert , et à toutes les autres plantes fourragères dont j'ai donné la nomenclature.

La préparation à donner à la terre qui doit recevoir le blé, consiste en labours et hersages suffisants pour l'ameublir ; mais il ne faut pas que cet ameublissement soit récent, au moment de la semaille ; le dernier coup de charrue sera donc superficiel , afin de donner aux couches inférieures le temps de s'affermir un peu , avant la première végétation des jeunes plantes.

Si l'on a été obligé de laisser des terres en jachères, on aura tout le temps , pendant l'année du repos de la terre , de la préparer convenablement par des façons telles qu'il ne reste , dans le sol , aucune plante nuisible au développement de la céréale.

Quant à la fumure à donner aux terres où va croître le blé, c'est , dans cet assolement, au trèfle ou aux autres plantes qui précèdent la céréale , qu'a dû être appliquée cette fumure. Cette manière de procéder économise , en outre , beaucoup de temps et permet d'ensemencer le blé en saison convenable. Le blé trouve encore dans ce que n'ont pas absorbé les plantes auxquelles il succède , des principes nutritifs assez grands , pour produire une abondante récolte. Les plantes fourragères , d'ailleurs , qui ont occupé le terrain avant lui , laissent dans le sol , par leur débris , autant , à peu près , d'engrais qu'elles lui en ont enlevé.

Si l'on a pu répandre sur les cultures qui précèdent le blé , du noir animal , du guano , de la colombine , des cendres, de la poudrette, des tourteaux , joints à la marne et au plâtre qui auront dû , obligatoirement, leur être appliqués, on aura préparé pour le blé, les éléments de végétation qui lui sont propres , les phosphates de chaux et de magnésie , et les sels alcalins dont l'analyse a constaté la présence dans ses organes.

L'époque de l'ensemencement du blé est au commencement d'octobre. Si des circonstances particulières obligeaient à reculer cette époque , on pourrait , sans trop d'inconvénient, la retarder jusqu'à la fin de ce mois. Les blés semés plus tôt , poussent trop en paille , au détriment du grain , et ceux mis en terre trop tard , trouvent, d'une part , le sol trop humide et peuvent être surpris par les grandes chaleurs de l'été qui nuiraient beaucoup à la production du grain , s'il n'était pas mûr avant cette époque.

La quantité de semence employée habituellement , dans ce pays , est d'un hectol. et demi. La terre y étant généralement peu substantielle et beaucoup de graines ne levant pas ou ne se développant pas complètement, on devrait en semer deux hectolitres.

Il n'es' pas inutile , quand la semence a été recouverte par

un hersage , de faire passer le rouleau sur le sol. Ce plom-
bage a pour effet de faire disparaître les vides qui existent
dans le sol , autour des grains , de telle sorte que ceux-ci , se
trouvant , par toute leur surface, en contact immédiat avec la
terre , y puisent plus facilement l'humidité nécessaire à leur
germination.

Le rigolage des terres qui retiennent l'eau , est aussi indispensable et tous les cultivateurs doivent l'appliquer à leur
culture.

Lorsqu'à un hiver humide succède un printemps sec, la surface des terres se durcit tellement qu'elle devient imperméable
à l'air et aux racines qui naissent du collet des jeunes blés
d'hiver. Pour prévenir les accidents qui résulteraient de cet état
de choses , on donne à ces blés un hersage , vers le mois de
mars. La couche superficielle étant ainsi ameublie , une partie
de la terre vient couvrir le collet des jeunes plantes et l'on voit
bientôt celles-ci reprendre une nouvelle vigueur. On ne doit
pas craindre de détruire ainsi quelques plantes. La force que
reprennent les autres compensera , et au-delà , la perte de
celles arrachées. Ce hersage , bien exécuté , peut doubler le
rendement de la récolte.

Le sarclage des blés est une opération trop connue pour
que j'en démontre ici l'utilité. Toutes les plantes parasites que
l'on aura détruites, laisseront l'espace qu'elles occupaient au
blé, qui y puisera un aliment dont il aurait été privé sans
cela. Cette opération se fait vers la fin d'avril.

Si l'on a donné à la terre tous les soins qu'elle réclame ,
le rendement d'un hectare de blé peut être, dans ce pays,
de 15 hectolitres.

La récolte du blé doit se faire un peu avant sa maturité
complète. Ainsi récolté , il pèse 4 kilog. de plus que l'autre et
la farine qu'il produit donne, à poids égal, 125 grammes de
pain de plus que le blé récolté tout-à-fait mûr.

On trouve encore , dans cette méthode, l'avantage d'éviter
la perte des graines que laissent échapper les céréales complètement mûres; la paille moins épuisée , sera meilleure pour
la nourriture des bestiaux; on courra moins de risques de
voir la récolte détruite , ou du moins , diminuée par les accidents météoriques ; la farine contiendra moins de son.

Une très mauvaise méthode, encore en usage dans le Berri ,
c'est de couper les blés à mi-chaume. Elle a pour inconvénient
d'occasionner une perte de temps et d'argent , puisqu'il faut
revenir sur le terrain pour enlever le chaume qui y est resté.
On court, en outre , le risque de ne rentrer qu'une paille déjà
avariée par les mauvais temps qui sont survenus. On ne peut ,
d'un autre côté , conduire sur ces chaumes des bêtes aumailles
ou ovines sans sacrifier ces pailles.

Le meilleur procédé pour couper les blés, est d'employer la faulx appelée sape flamande. Avec cet instrument, il n'y a point de paille perdue, et un homme peut moissonner quarante ares par jour, au lieu de vingt qu'il abat à peine avec la faucille. Si les grains étaient peu élevés ou très clair semés, on emploierait la grande faulx, qui fonctionnerait mieux dans ces sortes de récoltes.

On sait qu'il faut laisser deux ou trois jours, le blé en javelles, sur le terrain, avant de le lier en gerbes, pour que le grain achève de mûrir, en puisant dans la tige les sucs qu'elle contient encore. Le javelage est également nécessaire pour que les plantes nuisibles, mêlées aux tiges des céréales, aient le temps de se dessécher, sans quoi elles détermineraient la fermentation dans les gerbes.

Si la saison est pluvieuse, on réunit en meulons un certain nombre de gerbes et l'on attend que la chaleur revienne pour les exposer de nouveau à l'air et les rentrer aussitôt qu'elles sont complètement sèches.

Compte de culture d'un hectare de blé semé sur un trèfle, ou toute autre plante fourragère.

DÉPENSE.

Un labour superficiel......................	12 f.	c.
Un labour ordinaire........................	18	
Deux hersages à 2 fr......................	4	
Un roulage...............................	2	
Un coup d'extirpateur.....................	4	
Semence : 2 hectolitres à 20 fr..............	40	
Répandre la semence.....................	1	
Un hersage..............................	2	
Un roulage..............................	2	
Rigolage du sol à la charrue, après l'ensemencement.............................	2	
Un hersage au printemps.................	2	
Un sarclage.............................	2	
Fauchage, bottelage et emmagasinage........	30	
Battage et nettoyage du grain avec les machines..	18	
11,200 kilog. de fumier absorbés par la récolte à 10 fr. les 1,000 kilog., transport et étendage compris..................................	112	
Loyer de la terre.........................	40	
Frais généraux d'exploitation..............	15	
Intérêt, à 5 p. 0/0, par an, des frais ci-dessus..	15	35
	321	35

PRODUIT.

Grain , 15 hectol. à 20 fr................... 300 f.   c.
Paille , 4,000 kilog. équivalant à 1,160 kilog. de
foin sec , à 60 fr. les 1,000 kilog............... 69   60
                                                  ─────────
                                                  369   60

BALANCE.

Produit. 369   60
Dépense.................................. 321   35
                                          ─────────
            Bénéfice net............ 38   25

Soit 11 p. 0/0 du capital employé.

Seigle.

Le seigle tient le second rang parmi les céréales , pour la nourriture de l'homme, dans les contrées tempérées. Il présente une grande rusticité et peut croître sur un sol pauvre et même aride; il résiste aux mauvaises herbes et les domine facilement. Comme il mûrit de bonne heure , avant les grandes chaleurs de l'été, il permet le labour des terres où l'on voudrait faire une récolte intercalaire. Il donne un produit plus sûr , moins variable que les autres céréales. Quoique moins nourrissant , à poids égal, que le froment, il fournit un pain savoureux , sain , qui se maintient frais plus longtemps.

Le seigle est encore recherché pour sa paille qu'il donne en très forte proportion et qu'on préfère à toute autre pour lier les gerbes de blé. Mélangé au froment , il fait un pain de très bonne qualité. Son grain est aussi très bon pour la nourriture et l'engraissement des bestiaux , soit cuit, soit concassé et mélangé avec les pois , les féverolles , etc.

On ne cultive utilement que le seigle d'hiver , dit aussi multicaule ou seigle de la Saint-Jean. On peut, en effet, le semer indifféremment à l'automne ou à la fin de juin. Dans ce dernier cas, il peut fournir une abondante récolte de fourrage vert , à la fin de l'été, et donner ses épis l'été suivant.

Le seigle réussit bien dans les sols sablo-argileux et même sableux ; il donne aussi de beaux produits dans les terres calcaires les plus stériles ; mais il végète mal dans les argiles compactes , parce qu'il redoute l'excès d'humidité.

Le seigle succède, avec les mêmes avantages que le blé , aux mêmes récoltes. C'est presque la seule plante qui puisse , sans diminuer ses produits , se succéder à elle-même, pendant un certain nombre d'années.

Quant à la préparation du sol, aux amendements et aux engrais qui lui conviennent, ce sont, à peu près, les mêmes que ceux que demande le blé.

Il faut au seigle, encore plus qu'au blé, un terrain bien rassis, c'est-à-dire qui ne soit pas nouvellement labouré. Il n'exige pas aussi impérieusement la présence de l'élément calcaire ; néanmoins, les marnages et les chaulages dans les sols qui en sont dépourvus, lui sont favorables. Ces amendements, comme je l'ai déjà dit, se placent, avec avantage, sur la récolte de plantes fourragères à laquelle le seigle succède.

Le seigle se sème avant le froment. Plus son ensemencement est précoce, plus ses produits sont abondants.

L'hectolitre de seigle pèse, en moyenne, soixante-douze kilogrammes.

Il faut trois hectolitres de semence par hectare.

On doit peu recouvrir la semence, car elle pourrit facilement.

Les soins d'entretien qui succèdent à l'ensemencement sont les mêmes que pour le froment. Le roulage et le sarclage doivent lui être donnés dans les mêmes circonstances, mais on peut se dispenser de le herser au printemps, en raison de son peu de tendance à taller.

Compte de culture d'un hectare de seigle semé sur fourrage annuel.

DÉPENSE.

Un labour ordinaire......................	18 f.	c.
Un labour plus léger, un mois après le premier.	12	
Un hersage.............................	2	
Semence, 3 hectolitres 25 litres à 13 fr.......	39	25
Répandre la semence.....................	1	
Un hersage.............................	2	
Un roulage.............................	2	
Un sarclage............................	2	
Fauchage, bottelage et emmagasinage........	30	
Battage et nettoyage du grain...............	18	
10,000 kilog. de fumier absorbés par la récolte, à 10 fr. les 1,000 kilog., transport et étendage compris................................	100	
Loyer de la terre........................	40	
Frais généraux d'exploitation...............	15	
Intérêt pendant un an, à 5 p. 0/0, des frais ci-dessus................................	13	56
	294	81

PRODUIT.

Grain , 20 hectol. à 13 fr.................. 260f.   c.
Paille , 3,500 kilog. équivalant à 910 kilog. de
foin sec, à 60 fr. les 1,000 kilog............... 54   61
                                                  _____
                                                  314   61

BALANCE.

Produit.................................. 314   61
Dépense................................. 294   81
                                         _____
        Bénéfice net.............. 19   80
Soit 10 pour 0/0 du capital employé.

PLANTES INDUSTRIELLES.

Je ne parlerai ici que du très petit nombre de plantes industrielles qui sont cultivées dans cette contrée, non pas que
plusieurs autres ne puissent y être introduites , mais parce que
les plantes de cette espèce épuisant beaucoup le sol et le
nombre de celles qui y sont déjà admises étant suffisant pour
satisfaire aux besoins du pays , il me paraît prudent de ne pas
étendre davantage cette culture , avant qu'une plus grande
quantité d'engrais obtenus par un nombre beaucoup plus considérable de bestiaux que celui que l'on possède et une meilleure alimentation des uns et des autres , n'aient fourni les
moyens de réparer la perte des principes fécondants qu'occa-
sionnent au sol les plantes dont il est question.

PLANTES OLÉAGINEUSES.

Colza.

Le colza est , sans doute, une plante beaucoup plus productive que la navette ou rabette ; mais les conditions de climat et
de sol qu'il exige , pour prospérer , rendent sa culture peu
profitable, dans ces contrées. Il lui faut , en effet , un pays
brumeux et humide , sans que le sol soit trop mouillé, autrement il est très sujet à geler. Il redoute les gels et dégels qui le
déchaussent et le font périr. Il craint aussi les sols peu perméables , qui se chargent d'eau en hiver, et les terrains très légers
exposés à la sécheresse dès les premiers jours du printemps.
Les terrains argilo-calcaires sont les seuls où il donne de bons
produits, et cette contrée en offre peu de semblables.

Je vais , néanmoins , indiquer le mode de culture du colza,
pour que le cultivateur qui croira pouvoir l'essayer dans cette
contrée, ait les éléments utiles à cette expérience.

Il y a deux espèces de colza; celui d'hiver qui , semé au
commencement de l'été , occupe le sol jusqu'au milieu de l'été

7.

suivant, et le colza de printemps, moins développé, moins productif que le précédent, mais beaucoup plus précoce, puisque, semé au printemps, on récolte ses graines pendant l'été suivant. Cette dernière variété est surtout réservée pour remplacer le colza d'hiver détruit par les gelées rigoureuses, ou pour les terrains trop humides en hiver, pour que le colza d'hiver puisse y prospérer. Je m'occuperai d'abord de la culture de ce dernier.

Comme fourrage, ou comme engrais, la paille de colza est bien préférable aux pailles des céréales et il est vraiment déplorable de la voir brûler, presque en pure perte, dans les champs, ainsi que cela a lieu généralement.

Quant aux graines, leurs principes constituants ne sont pas toujours respectifs, suivant les localités.

L'industrie retire, en moyenne, 32 pour 0/0 d'huile de la graine de colza d'hiver et 26 pour 0/0 seulement du colza d'été. Un bon colza, pesant 67 kilog. l'hectolitre, a produit :

Huile   41 p. 0/0.
Tourteau 50   id.
Déchet   09   id.
         ————
         100.

Les tourteaux ou marcs, résidus des graines après l'extraction de l'huile, sont une excellente nourriture pour les bêtes bovines et constituent un engrais de première qualité. Les tiges sèches du colza sont utilisées comme litière, ainsi que je l'ai dit.

J'ai indiqué aussi quelles conditions de climat et de sol convenaient au colza.

Quant aux engrais, il en est très avide et il préfère les engrais frais à ceux consommés.

Le colza d'hiver se plante en ligne, après avoir été semé en pépinière.

La préparation du terrain destiné à le recevoir est la même que celle faite pour le blé.

Les soins d'entretien qu'il exige sont ceux donnés à toutes les plantes sarclées et, sous ce rapport, il prépare bien la terre pour recevoir la récolte suivante. On pourrait donc aussi bien le placer au début de la rotation qui comprend les plantes sarclées, que dans cette sole qui n'en reçoit aucune autre. Cette transposition serait d'autant mieux exécutée, que les plantes de la seconde sole, l'avoine, l'orge et les plantes fourragères réussissent très bien lorsqu'elles succèdent au colza, par suite des façons données à cette dernière culture et de la grande abondance de fumier qui lui a été fourni et dont il reste encore de fortes proportions dans le sol, après son enlèvement.

La quantité de fumier nécessaire au colza est au moins de 33,000 kilog. par hectare, non compris les engrais d'autre nature, riches en phosphates et en sels alcalins, tels que le noir animal, la colombine, le guano, la charrée et les propres tourteaux provenant de cette plante. Ces exigences rendent, comme on le voit, la culture du colza peu praticable, dans ce pays où les engrais manquent généralement ou coûtent un prix très élevé, en raison de l'éloignement de leurs lieux de dépôts.

J'ai dit que, généralement, le colza doit être semé en pépinière, pour être ensuite repiqué dans le terrain préparé pour le recevoir. Cette préparation occasionne encore de grands frais que l'on peut éviter en faisant un semis à demeure. Dans ce dernier cas, si le colza fait partie de la sole des céréales d'hiver, on prépare le terrain, dès le printemps, pour pouvoir semer la graine du 15 juillet au 15 août, époque après laquelle il ne réussirait pas. Si l'on ajoint le colza à la première sole, celle des plantes sarclées, il faut l'avoir fait l'année précédente, à la même époque, c'est-à-dire de juillet à août, pour que, donnant ses produits avec ces plantes sarclées, il laisse le terrain libre un peu avant elles, dans la même année. Ainsi, le colza semé à demeure peut très bien succéder à un trèfle incarnat qui se récolte de bonne heure, ou à la vesce d'hiver qui se coupe peu après.

Le colza, semé à demeure, se fait comme les autres plantes sarclées, en lignes espacées de 0,50 c. les unes des autres, en sorte que les façons et les buttages puissent s'exécuter facilement, à la houe à cheval.

On emploie environ 3 kilog. de graines, à l'hectare. La graine semée, on herse le terrain et on y passe ensuite le rouleau.

Quant aux façons à donner à la terre, elles sont indiquées par l'état plus ou moins sale du sol et la dureté que peut lui faire éprouver une sécheresse prolongée.

Comme pour la betterave, il faut dépresser les jeunes plants trop serrés, et laisser, entre ceux conservés, environ 0,20 c. de distance.

Après l'hiver, on commence à donner au colza les façons qu'il exige et l'on butte les plantes deux ou trois fois, suivant que cela est nécessaire.

Vers le milieu de juillet de la seconde année, le colza est arrivé à sa maturité. Il faut l'enlever avec précaution et avant que les graines soient tout-à-fait mûres.

Le colza de printemps, nous l'avons dit, est moins productif que celui d'hiver, et l'huile qu'il donne est de moins bonne qualité. Toutefois, plusieurs motifs peuvent engager à l'employer et, dans ce cas, il offre encore une ressource précieuse.

Le colza de printemps redoute beaucoup la sécheresse; aussi lui réserve-t-on de préférence les sols humides où le colza d'hiver réussirait mal.

La végétation de cette plante étant très prompte, elle exige une terre plus riche encore que celle destinée au colza d'hiver.

Les mêmes préparations du sol et les mêmes engrais sont nécessaires aux deux espèces.

Celle de printemps n'étant presque jamais binée, on la sème à la volée.

L'époque la plus favorable pour cet ensemencement est le mois de mai.

On détruit les altises, qui dévorent fréquemment toutes les espèces de colza, en saupoudrant les jeunes plantes de guano ou d'eau de féculerie. D'autres cultivateurs, pour éviter que l'insecte attaque la plante, soumettent la graine à une sorte de chaulage, avant son ensemencement, ou la font tremper quelques heures dans une forte saumure. On a encore essayé, avec succès, de répandre sur la jeune plante, alors qu'elle est couverte de rosée, des cendres lessivées qui empêchent, par leur adhérence aux feuilles du colza, l'altise de l'attaquer. Il faut répéter cette opération plusieurs fois et jusqu'à ce qu'on ait reconnu que l'insecte a disparu.

Les raves et les choux-raves, sujets aux mêmes inconvénients que le colza, peuvent être traités de la même manière.

Compte de culture d'un hectare de colza d'hiver repiqué à la charrue et cultivé comme récolte sarclée.

DÉPENSE.

Vingt ares de pépinière.

Un labour de 0,35 c. de profondeur........	3 f.	60 c.
Un hersage...............................	»	80
Un roulage...............................	»	80
Un hersage...............................	»	80
Un labour ordinaire......................	3	60
Un hersage...............................	»	80
10,000 kilog. de fumier, à 10 fr. les 1,000 kilog., transport et étendage compris, 100 fr.; les 7/10 de cette somme à la charge du colza..............	70	
Intérêt à 5 p. 0/0, pendant un an, du prix de la fumure non absorbée.......................	1	50
Semence, 210 grammes, à 22 c. le kilog......	»	07
Répandre la semence à la volée........... ..	»	50
Un roulage...............................	»	80
Un sarclage..............................	2	
Loyer de la terre pendant un an............	8	
Frais généraux d'exploitation...............	3	
Intérêt à 5 p. 0/0 des frais ci-dessus..........	4	81
A reporter.............	101	08

Report.... .... 101 f. c.

Plantation d'un hectare.

Préparation du sol, comme pour la pépinière. . .	48	
Arrachage, habillage et transport des plants. . . .	8	
Labour pour la plantation et mise en terre.	50	
Un binage à la houe à cheval.	5	
Un buttage avec le buttoir.	5	
Approfondir les raies d'écoulement.	3	
Un binage au printemps.	5	
Un buttage.	5	
Récolter, scier et faire les meulons.	12	
Battage et vannage.	15	
45,000 kilog. de fumier, à 10 fr. les 1,000 kilog., y compris les frais de transport et d'étendage, 450 fr.; les 7/9 de cette somme à la charge du colza.	350	
Intérêt à 5 p. 0/0, pendant un an, du prix de la fumure non absorbée.	7	
Loyer de la terre.	40	
Frais généraux d'exploitation.	15	
Intérêt à 5 p. 0/0, pendant un an, des frais ci-dessus.	33	45
Total.	702	53

PRODUIT.

32 hectolitres de graines à 25 fr.	800	

BALANCE.

Produit.	800	
Dépense.	702	53
Bénéfice net.	97	47

Ou près de 15 pour 0/0 du capital employé.

Les produits d'un hectare de colza semé sur place ne seraient que de 24 hectol. à 25 fr.	600 fr.
La dépense serait de.	543
On aurait donc, en bénéfice, seulement. . . .	57 fr.

Ou 10 p. 0/0 du capital engagé.

Compte de culture d'un hectare de colza de printemps.

DÉPENSE.

Préparation du sol, comme pour le colza d'hiver.	48 f.	c.
Semence, 3 kilog. à 0,32 c. le kilog.	»	96
Répandre la semence à la volée.	1	
Deux hersages pour la recouvrir, à 2 fr. l'un. . . .	4	
A reporter.	53	96

	Report..............	53 f. 96 c.	
Un roulage.......................		2	
Un sarclage à la main........		10	
Récolte et nettoyage......................		30	
45,000 kilog. de fumier à 10 fr. les 1,000 kilog., transport et étendage compris, 450 fr., la moitié de cette somme à la charge du colza..............		225	
Intérêt à 5 p. 0/0, pendant un an, du prix de la fumure non absorbée........................		11	25
Loyer de la terre.....................		40	
Frais généraux d'exploitation....		15	
Intérêt à 5 p. 0/0, pendant un an, des frais ci-dessus........		19	36
		406	57

PRODUIT.

20 hectol. de graines à 22 fr. l'hectol........	440	

BALANCE.

Produit..................................	440	
Dépense...............................	406	57
Bénéfice net..............	33	43

Soit environ 8 p. 0/0 du capital engagé.

Navette ou Rabette.

La navette ou rabette, de la famille des crucifères comme le colza, donne des produits moins abondants que ce dernier. Ses graines, à volume égal, donnent un dixième d'huile de moins; mais elle présente l'avantage de bien se développer là où le colza resterait languissant. L'huile et les tourteaux qu'on en obtient sont d'ailleurs employés aux mêmes usages.

On distingue trois sortes de navettes : la navette d'hiver, celle d'été ou quarantaine et la navette dauphinoise, dite rabette ou navette.

La navette d'hiver fournit 33 p. 0/0 d'huile et 65 de tourteaux. Celle d'été ne donne que 30 p. 0/0 d'huile et 70 p. 0/0 de tourteaux.

La navette s'accommode, mieux que le colza, des climats secs et des contrées très élevées. Ce sont, en général, les terrains légers, sablo-argileux et surtout calcaire - argileux qui lui conviennent.

La navette ou rabette donne de meilleurs produits, lorsqu'elle est semée comme plante d'hiver. La navette d'été n'est guère employée que pour remplacer celle d'hiver ou toute autre récolte qui aurait manqué. Elle peut aussi être substituée aux céréales de printemps et recevoir l'ensemencement du trèfle.

Il faut à la navette les mêmes préparations de sol et les mêmes amendements que ceux donnés au colza.

La navette est toujours semée à la volée. Pour la navette d'hiver et la rabette, on opère aussitôt après la récolte des céréales qui occupent le sol, c'est-à-dire de la fin de juillet au commencement de septembre. Pour la navette d'été, on sème depuis le mois d'avril jusqu'à la mi-mai, au plus tard, pour cette contrée. Il faut, par hectare, quatre kilog. de semence de navette d'hiver et cinq kilog. pour la navette d'été. Après l'avoir recouverte, on plombe le sol par un roulage.

Lorsque les navettes ont développé cinq ou six feuilles, on les sarcle, puis on éclaircit les plants à la main, de façon qu'ils restent placés à environ 0,25 c. les uns des autres.

Les navettes sont exposées, comme le colza, aux attaques de l'altise et des pucerons.

La maturité des navettes d'hiver et de la rabette a lieu de juin à juillet. Celle de la navette d'été arrive deux mois après son ensemencement. Sa récolte exige les mêmes soins que le colza.

Compte de culture d'un hectare de navette d'hiver.

DÉPENSE.

	fr.	c.
Deux labours à 18 fr.	36 f.	c.
Deux hersages à 2 fr.	4	
Semence, 4 kilog., à 0,28 c. le kilog.	1	12
Répandre la semence à la volée.	1	
Un hersage.	2	
Un roulage.	2	
Passage de l'extirpateur pour former les lignes.	5	
Sarcler et éclaircir sur les lignes conservées.	10	
Un binage à la houe à main, au printemps.	12	
Récolte et nettoyage de la graine.	30	
36,000 kilog. de fumier à 10 fr. les 1,000 kilog., transport et étendage compris, 360 fr.; les 2/3 de cette somme à la charge de la navette.	240	
Intérêt à 5 p. 0/0, pendant un an, de la fumure non absorbée.	7	
Loyer de la terre.	40	
Frais généraux d'exploitation.	15	
Intérêt à 5 p. 0/0, pendant un an, des frais ci-dessus.	20	25
Total.	425	37

PRODUIT.

22 hectolitres de graine à 20 fr. 440

BALANCE.

Produit.. 440 f. c.

Dépense.. 425 37
                                                   ―――――――
Bénéfice net.......................... 14 63

Ou le 3 1/2 p. 0/0 du capital engagé.

Cameline.

La cameline, aussi de la famille des crucifères, donne une graine, d'un jaune rougeâtre, produisant une huile très bonne à brûler et préférée, sous ce rapport, à celle du colza et de la navette, en ce qu'elle a moins d'odeur et produit moins de fumée.

Le tourteau de la cameline ne vaut pas celui du colza et de la navette, pour la nourriture des bestiaux; mais on le préfère comme engrais, parce qu'il répand une odeur d'ail qui éloigne, dit-on, les vers blancs.

Les tiges de la cameline ont plus de valeur que celles du colza et de la navette, en raison des usages auxquels on les applique, soit pour couvrir les hangars ou autres abris, soit pour faire des balais. Mais l'avantage le plus important de cette plante, c'est de n'être attaquée ni par l'altise, ni par les pucerons qui anéantissent souvent les autres crucifères.

100 kilog. de graine de cameline donnent 27 kilog. d'huile et 73 kilog. de tourteaux. Ce dernier produit vaut 12 fr. 75 c. les 50 kilog.

La cameline donne une récolte passable dans tous les climats de la France; mais elle préfère les climats brumeux et humides. Moins difficile que toutes les autres plantes oléagineuses, quant à la nature du sol, elle prospère cependant mieux dans les terrains légers, sableux, ou sablo-argileux.

La cameline est une récolte d'été qu'on peut semer assez tard; il en résulte qu'on peut l'employer avec avantage pour remplacer les récoltes d'hiver ou de printemps détruites par les intempéries, telles que le lin, le colza et même les céréales qui n'auraient pas réussi. Sa place ordinaire est celle des céréales de printemps. Elle peut d'autant mieux les remplacer qu'on la mêle avec succès au trèfle ou à d'autres fourrages annuels.

Le sol doit recevoir une préparation semblable à celle indiquée pour la navette. Plus épuisante encore que le colza, la cameline absorbe 1,000 kilog. de fumier par hectolitre de graines récoltées.

Quant aux engrais et amendements qu'elle préfère, ce sont les mêmes que ceux donnés au colza.

La cameline se sème depuis le mois de mai jusqu'au commencement de juillet. Elle se sème toujours à la volée. On emploie 5 kilog. de graine par hectare. On herse et l'on roule ensuite.

Les jeunes plants de la cameline doivent être éclaircis comme la navette, pour laisser entre eux une distance d'environ 0,16 c. On enlève, en même temps, les mauvaises herbes.

Le rendement moyen de la cameline est de 20 hectolitres par hectare. Chaque hectolitre pèse 70 kilog.

Compte de culture d'un hectare de cameline.

DÉPENSE.

Préparation du sol, comme pour la navette.....	40 f.	c.
Semence, 5 kilog. à 30 c. le kilog............	1	50
Répandre la semence......................	1	
Un hersage..............................	2	
Un roulage..............................	2	
Eclaircir et sarcler.	10	
Récolte et nettoyage de la graine............	30	
40,000 kilog. de fumier, à 10 fr. les 1,000 kilog., transport et étendage compris, 400 fr.; la moitié de cette somme à la charge de la récolte........	200	
Loyer de la terre.........................	40	
Frais généraux d'exploitation...............	15	
Intérêt pendant un an, à 5 p. 0/0, des frais ci-dessus..................................	18	57
Total............................	360	07

PRODUIT.

20 hectol de graines à 22 fr........	440	

BALANCE.

Produit........................	440	
Dépense	360	07
Bénéfice net.	79	93

Soit plus de 15 p. 0/0 du capital engagé.

Moutarde blanche.

Je dirai peu de mots sur cette crucifère, comme plante oléagineuse, parce que sa culture ne présentant pas les mêmes avantages que les plantes dont il vient d'être question, il est peu probable qu'elle s'introduise dans ce pays.

En effet, il faut à la moutarde blanche, pour produire ses graines, une terre très substantielle, bien préparée et richement fumée. Ces soins pourraient lui être donnés, si elle payait les sacrifices que l'on a faits pour elle; mais son produit est très inférieur à celui des autres plantes oléagineuses, puisqu'elle donne à peine 12 à 13 hectol. à l'hectare.

J'ai dit que cette plante est un très bon fourrage et c'est ainsi que je conseille de la cultiver.

Pavot.

Le pavot est une plante qui convient peu au climat de ce pays où la température est très variable, comme on le sait. Il exige, d'ailleurs, de très grands soins d'entretien et un sol parfaitement perméable aux eaux, qualités que l'on rencontre assez rarement dans les terres de ce pays. Comme ses racines pénètrent peu avant dans le sol, il demande, pour n'être pas renversé, à être abrité des grands vents, condition également difficile à remplir dans ce pays, assez plat ou peu accidenté.

Le produit du pavot, dans les régions du centre, pouvant être de 20 hectolitres, à l'hectare, à 24 fr. l'hectolitre.

Soit un rendement de....................... 480 f.
Le chiffre de la dépense s'élevant à environ 450
Il resterait en bénéfice net.................... 30 f.

Valeur qui ne porterait pas à un taux assez élevé le bénéfice que présente cette culture, d'une grande éventualité de produits d'ailleurs, ainsi que je l'ai dit plus haut.

Madia.

Le madia oléifère est une plante d'un faible produit, ses graines ne rendent qu'environ 18 pour cent d'huile. Cette huile, d'ailleurs, peu propre à l'éclairage, ne convient que pour la savonnerie; quant à l'alimentation de l'homme, l'odeur très forte et l'âcreté qu'elle présente l'en ont fait exclure. Les tourteaux du madia sont aussi riches que ceux du colza, mais leur odeur particulière les fait refuser des bestiaux.

Le madia, en outre, est très épuisant, car il enlève au sol 600 kilog. de fumier pour 1 hectolitre de graines.

Nous pensons donc, par ces motifs, que le madia est une culture que peut se dispenser d'introduire dans son assolement le cultivateur de l'Indre, qui a, sous sa main, beaucoup d'autres plantes plus profitables.

PLANTES TEXTILES.

Chanvre.

Les usages du chanvre sont trop connus pour que je les énumère ici. En outre de sa valeur comme plante textile, l'huile que fournit cette plante est douce, agréable au goût et propre à la peinture, à l'éclairage, à la savonnerie et à beaucoup d'autres usages. La graine de chanvre est donnée avec succès aux volailles dont elle rend la ponte plus hâtive et plus abondante.

Quelqu'excellentes que soient les qualités du chanvre et quelque peu difficile qu'il soit sur la situation climatérique où on le place, on ne peut, malheureusement étendre beaucoup cette culture, car le chanvre demande, pour donner de bons produits, un sol privilégié, tel qu'en présentent les terrains d'alluvion, les vallées riches en humus et fraîches par le voisinage des fleuves ou des rivières. Ainsi le chanvre redoute les sols qui conservent l'eau, les terrains compactes ou secs et légers.

Les préparations à donner à la terre où l'on veut placer le chanvre, consistent dans un ameublissement parfait du sol. Comme, dans notre assolement, il succède à une prairie artificielle, il faut avoir retourné celle-ci, en vert, à la seconde coupe ou à la troisième, si les deux premières ont eu lieu de bonne heure. Cet engrais vert a le temps de se consommer, pendant l'hiver, et on donne le second labour au printemps, quinze jours avant de semer le chanvre.

Il faut d'abondants et énergiques engrais au chanvre : le marnage, le chaulage, les os moulus, le noir animal, la charrée, associés à des engrais consommés, hâtent la végétation du chanvre et augmentent ses produits.

La graine à employer pour semence doit être d'un gris foncé, luisante, pesante et bien pleine. Elle ne conserve sa faculté germinative que pendant un an.

Le chanvre redoute les dernières gelées de printemps ; aussi ne doit-on le semer que lorsqu'elles ne sont plus à craindre, vers la fin d'avril.

Plus les pieds de chanvre sont rapprochés, plus les filaments sont fins et proportionnellement abondants. Ces fils sont moins tenaces, sans doute, mais plus convenables à la fabrication de la toile de ménage.

Pour les filasses destinées aux cordages et aux toiles de voitures, on répand trois hectolitres de semence par hectare ; on sème quatre hectolitres pour avoir du chanvre fin.

Le chanvre demande à être biné, lorsque la terre s'est durcie, et sarclé, lorsqu'elle a été envahie par les plantes nuisibles.

La récolte du chanvre se fait dès que les pieds mâles sont défleuris et que leurs tiges commencent à jaunir. C'est ordinairement dans le milieu de juillet que cela a lieu.

Je ne dirai rien de la manière dont le chanvre se récolte ; je ferai seulement observer que pour les chanvres à cordages, on n'arrache pas les pieds, mais qu'on les coupe à rez du sol et que c'est le contraire qui a lieu pour les chanvres à toiles fines.

Les pieds mâles mûrissent six semaines avant les pieds femelles qui, contrairement à ce que croient certaines personnes, sont ceux qui portent la graine. Ces derniers se trouvant un peu plus dégagés par l'enlèvement des pieds mâles, végètent plus à l'aise et ne sont récoltés que lorsque les feuilles et leurs tiges commencent à jaunir et que les graines brunissent. Si l'on ne désire pas avoir la graine de ces plantes, il faut les arracher en même temps que les pieds mâles. On obtient d'eux une meilleure qualité de filasse et un plus grand produit.

Cent parties de chanvre vert ne donnent que six ou huit parties de filaments textiles.

Quant au rouissage du chanvre, on connaît aussi comment se fait cette opération. Les eaux courantes sont préférables aux eaux stagnantes, parce qu'elles enlèvent continuellement les matières gommeuses et résineuses contenues dans le chanvre, et que le chanvre obtenu, est plus blanc que par d'autres procédés. En sus, cette opération ne laisse pas se répandre dans l'air cette odeur insupportable et insalubre que produit le chanvre lorsqu'il entre en fermentation.

L'hectare de chanvre peut rendre, en moyenne, dans ce pays, 8 à 900 kilog. de filasse.

Si l'on recueille, à la fois, la graine et la filasse, ce rendement descend à 600 kilog. de filasse et l'on a environ 250 kilog. de graines.

Compte de culture d'un hectare de chanvre cultivé seulement pour la filasse.

DÉPENSE.

	fr.	c.
Un labour ordinaire, à l'automne............	18 f.	c.
Un labour au printemps...................	18	
Un hersage.............................	2	
Un roulage.............................	2	
Rigolage...............................	4	
Trois hectolitres de semence, à 20 fr. l'hectol...	60	
Répandre la semence et l'enterrer..........	4	
Répandre un léger paillis.................	2	
Un sarclage et un binage à la houe à main.....	30	
Un autre sarclage.......................	10	
Arrachage, façon des gerbes et transport. ...	30	
Rouissage, séchage, transport, etc..........	50	
Teillage et broyage......................	100	
Emballage.............................	10	
50,000 kilog. de fumier ou leur équivalent, à 10 fr. les 1,000 kilog., y compris les frais de transport et d'étendage, 500 fr.; les 3/10 à la charge du chanvre.................................	150	
Intérêt à 5 p. 0/0, pendant un an, de la fumure non absorbée............................	17	50
Loyer de la terre........................	40	
Frais généraux d'exploitation..............	15	
Intérêt à 5 p. 0/0, pendant un an, des frais ci-dessus.................................	28	12
	590	62

PRODUIT.

800 kilog. de filasse à 90 fr. les 100 kilog...... 720 f.   c.

BALANCE.

Produit................................. 720

Dépense................................ 590 62

    Bénéfice net........................ 129 38

Soit 20 p. 0/0 du capital engagé.

Lin.

Le lin est aussi une plante textile et oléagineuse. Les tissus fabriqués avec sa filasse sont moins forts et moins durables que ceux obtenus avec le chanvre, mais ils sont beaucoup plus fins. On extrait de ses semences 28 p. 0/0 d'huile.

Les tourteaux obtenus par la fabrication de l'huile sont très recherchés par les bestiaux et sont, en outre, un engrais très puissant.

La culture du lin, grâce aux soins d'un habile filateur, M. Demersseman, dont la fabrique est située au Blanc, commence à se répandre dans cette contrée. C'est une richesse nouvelle dont cet honorable industriel aura doté le pays, car avant lui, le lin était peu cultivé dans l'Indre, et c'est des départements du nord qu'on le tirait.

Il y a deux variétés de lin :

Le lin d'hiver ou lin chaud qui se cultive principalement pour la récolte de ses graines, et le lin d'été ou lin froid, moins abondant en semence, mais dont le rendement en filasse est plus considérable et de meilleure qualité.

C'est donc de cette dernière espèce seulement que je m'occuperai, la première craignant, d'ailleurs, les froids rigoureux. Le lin épuise beaucoup le sol; il lui faut donc une terre substantielle et, en outre, d'abondants engrais de diverse nature.

Le lin veut un sol suffisamment profond et assez frais. Comme ses racines pivotantes vont chercher fort loin dans la terre ses principes nutritifs, c'est après l'enfouissement d'une prairie naturelle ou artificielle qu'il réussit le mieux et c'est aussi dans cette situation que le place mon assolement.

La préparation à donner au sol consiste en labours et hersages suffisants pour l'ameublir convenablement ; elle est la même que celle indiquée pour le chanvre. Après le labour du printemps, on partage le sol en planches plus ou moins larges, par des rigoles ordinairement très peu profondes, à moins que le terrain ne soit exposé à une très grande humidité.

Quoique le terrain où l'on place le lin ait reçu, par l'enfouissement des prairies artificielles ou autres, une grande quantité d'engrais, il faut encore, au moment de l'ensemencer, et ainsi que cela a lieu pour le chanvre, répandre sur le sol une quantité d'engrais pulvérulents, équivalente à une demi-fumure.

On emploie, avec succès, en Irlande, un engrais composé ainsi qu'il suit :

Os pulvérisés..............	24 kil. 50	coûtant	3 f.	75 c.
Chlorure de potassium.......	13	61	id.	2	95
Sel marin.................	21	77	id.	»	31
Plâtre cuit, en poudre.......	15	42	id.	»	63
Sulfate de magnésie.........	25	48	id.	4	64
	100	78		12	28

Toutes ces substances, comme on le voit, sont à bas prix, et la dépense, par hectare, ne dépasserait pas 13 à 14 fr. dans cette localité.

Du choix de la graine dépend la réussite du semis. Il faut donc s'assurer de sa bonne qualité. On la reconnaîtra telle si le grain est pesant, brillant, d'un jaune d'or ou d'un brun clair, glissant dans la main, riche en huile. Ce dernier caractère se reconnaît à son pétillement vif, lorsqu'on la jette au feu.

Le lin redoutant les gelées tardives du printemps ainsi que la sécheresse, il faudra choisir, pour le semer, dans ces contrées, le milieu du mois de mai.

On emploie ordinairement de 200 à 250 kilog. de graine par hectare, pour le lin destiné à la filasse.

On répand la semence à la volée, puis on la recouvre au moyen d'un hersage et l'on roule ensuite.

Huit ou dix jours après, le lin est déjà sorti de terre ; dès qu'il a atteint trois ou quatre centimètres de hauteur, des femmes et des enfants enlèvent, à la main, toutes les mauvaises herbes et donnent, avec une petite houlette, une légère culture au pied des plantes.

Le sarclage est répété aussi souvent qu'il est nécessaire.

La récolte du lin se fait vers la fin de juin, alors qu'on voit que les feuilles commencent à jaunir sur la tige et que les fleurs les plus tardives ont disparu.

On peut, sur le champ où l'on vient de récolter le lin, semer, après un léger labour, une plante fourragère que l'on récolterait en vert, à la fin de l'automne ou qu'on enfouirait comme engrais.

Les opérations de l'arrachage et séchage du lin se pratiquent de la même manière que celles indiquées pour le chanvre.

Quant au rouissage, broyage et au teillage du lin, le producteur sera dispensé de ces soins, car aujourd'hui la filature de lin du Blanc reçoit les matières premières telles qu'elles sortent du champ, mais seulement bien desséchées, et se charge des autres préparations intermédiaires entre l'état primitif de la récolte et l'emploi des matières disposées pour la fabrication.

Mais si l'on voulait y procéder soi-même, en raison du volume des matières premières dont le transport deviendrait coûteux, par suite de l'éloignement où l'on se trouverait de la fabrique, on suivrait les renseignements donnés pour le chanvre et connus, d'ailleurs, de tous les cultivateurs.

Compte de culture d'un hectare de lin d'été, de Riga.

DÉPENSE.

Un labour de 0,50 centimètres de profondeur, à la fin de l'été...	60 f.	c.
Un hersage...................................	2	
Un roulage...................................	2	
Un labour ordinaire à l'automne...............	18	
Un labour au printemps.......................	18	
Un hersage...................................	2	
Un roulage...................................	2	
Un hersage léger.............................	2	
Semence de Riga, 200 kilog., à 60 fr. les 100 kil.	120	
Répandre la semence à la volée...............	1	
Un hersage...................................	2	
Un roulage...................................	2	
Un sarclage et un binage à la main...........	22	
Deux sarclages à la main à 10 fr. l'un........	20	
Arrachage, égrenage et bottelage.............	40	
Rouissage, séchage et rentrée.................	80	
Préparation de la filasse, s'il y a lieu.........	200	
L'équivalant de 54,000 kilog. de fumier, à 10 fr. les 1,000 kilog., 540 fr., le 1/6ᵉ de cette somme à la charge du lin...............................	90	
Intérêt à 5 p. 0/0, pendant un an, du prix de la fumure non absorbée........................	22	50
Loyer de la terre..............................	40	
Frais généraux d'exploitation..................	15	
Intérêt à 5 p. 0/0, pendant un an, des frais ci-dessus.....................................	38	52
	799	02

PRODUIT.

400 kilog. de filasse à 200 fr. les 100 kilog.....	800	
200 kilog. de graines à 50 fr. les 100 kilog.....	100	
	900	

BALANCE.

Produit......................................	900	
Dépense.....................................	799	02
Bénéfice net.................................	100	98

Soit 12 1/2 pour 0/0 du capital engagé.

Je ne m'occuperai pas ici de la culture des plantes tincto-
riales telles que la garance, la gaude, le safran, le carthame,
le pastel, le persicaire des teinturiers, ni d'autres plantes
industrielles comme le houblon, le tabac, etc., parce que ces
plantes sont, en général, peu propres au climat et au sol de
notre pays et qu'il est bien plus avantageux pour le petit cultivateur auquel s'adresse cet ouvrage, d'améliorer la culture des
plantes introduites depuis longtemps dans son assolement, et
qu'il connaît ainsi parfaitement, que de tenter l'introduction
de végétaux qui lui sont généralement inconnus, qui demandent de très grands soins, exigent de grandes dépenses et qui
surtout épuisent le sol, alors que ses engrais sont déjà insuffisants pour les produits ordinaires de son exploitation.

Ces tentatives ne peuvent être faites que par de grands propriétaires, auxquels un premier insuccès et une perte d'argent
ne causent pas un préjudice sérieux. Ceux-ci trouveront, dans
les grands ouvrages d'agriculture, s'ils veulent se livrer à ces
essais, tous les renseignements propres à les diriger dans
leurs expériences.

MODE ACTUEL

D'EXPLOITATION DES TERRES DANS L'INDRE.

J'aborderai maintenant la question du mode d'exploitation
des terres dans le département de l'Indre. Avant de m'expli-
quer sur les inconvénients qu'il présente ; je ferai connaître
quelques documents de statistique que j'ai recueillis près de
l'autorité locale et qui ne seront pas, je crois, sans intérêt pour
ceux qui ignorent ces détails.

MÉTAIRIES.— Le relevé des documents fournis à l'administration locale sur le nombre des métairies existant dans le département de l'Indre, a donné une moyenne de 7,000. Cette
quantité n'a presque pas varié depuis 1810 où un semblable
relevé a été fait, parce que si des métairies ont été détruites,
d'autres ont été formées par le défrichement de 2,000 à 2,500
hectares de bois ou brandes, qui s'est opéré depuis cette
époque.

La totalité des métairies cultivées se divise ainsi qu'il suit :

Colons sous propriétaires.	3,200
Colons sous fermiers généraux.	750
Fermiers.	1,050
Propriétaires cultivant eux-mêmes.	2,000
	7,000

LOCATURES.— Les chiffres produits varient entre ceux du
tiers à la moitié.

Si, pour fixer le nombre des locatures, on s'appuie, comme on l'a fait pour les métairies cultivées, sur la statistique de l'an XII, il est très vraisemblable que le nombre des locatures égale, au moins, s'il ne le dépasse, celui des métairies.

Abstraction faite de ce document, fort important néanmoins, les chiffres les plus élevés de la statistique actuelle, d'une exactitude toutefois approximative, on ne trouverait que 6,500 locatures.

FERMIERS GÉNÉRAUX. — Le nombre des fermiers généraux paraît devoir être porté à 300. Des renseignements obtenus, il résulte que ce mode d'exploitation tend, tous les jours, à disparaître.

Pour les quatre premières catégories, le nombre reste à peu près stationnaire; cependant les fermiers prenant, à leurs risques et périls, des domaines qu'ils font ensuite exploiter par des colons, tend plutôt à diminuer, parce que propriétaires, fermiers et colons ne trouvent pas, généralement, dans ce mode d'exploitation, les avantages que chacun espérait y rencontrer.

Le nombre des locatures pourrait augmenter par suite du démembrement des domaines, résultat des ventes faites en détail par des spéculateurs, surtout à la proximité des villes et des villages.

Il y a entre les deux catégories de colons une distinction capitale à faire.

Les colons sous propriétaires sont, en général, dans la situation de petits fermiers. Leur dégré d'aisance varie suivant les localités. Ils font de bonnes affaires dans les arrondissements d'Issoudun et de La Châtre; ils sont moins aisés dans l'arrondissement de Châteauroux; à l'exception du canton de Saint-Benoît où le sol est meilleur et donne à celui qui le cultive, des produits plus assurés et plus abondants, ils sont très gênés dans presque tout l'arrondissement du Blanc, dans la Brenne surtout, pays de fièvre et de pauvre culture.

Les colons sous fermiers sont inconnus dans l'arrondissement d'Issoudun; il en existe dans l'arrondissement de Châteauroux, mais c'est dans les arrondissements de La Châtre et du Blanc que se trouve le plus grand nombre. Leur sort est misérable.

Les colons partiaires vivent aussi longtemps que les autres. Il n'y a que dans la Brenne que la durée de l'existence est plus courte.

Les fermiers généraux, cultivant par colons, sont, ainsi qu'on l'a vu ci-dessus, en petit nombre.

Quelques-uns s'enrichissent, plusieurs se sont ruinés.

8.

L'élévation actuelle du prix des baux et la répugnance des propriétaires à louer ainsi leurs domaines, répugnance que l'éloignement ou des impossibilités absolues de surveillance peuvent seuls surmonter, sont cause que le nombre de ces sortes de fermiers diminuera de plus en plus

Il est impossible que les terres soumises au sous-fermage ne s'appauvrissent pas.

Le fermier général ne cultive pas : il spécule. Tous ses efforts, toute son industrie consistent à tirer de la terre tout ce qu'elle peut donner, sans sacrifices, et des colons, la substance de leur travail, au meilleur marché possible.

Le prix des baux n'a pas diminué ; il a plutôt augmenté. Leur durée n'est ordinairement que de trois, six ou neuf années ; mais le colon sous-propriétaire se préoccupe peu de l'expiration de son bail. Il sait que presque toujours son bail continue par tacite reconduction. Il n'est pas rare de voir la même famille se succéder dans la même maison, pendant plusieurs générations.

Il n'en est pas de même du colon sous-fermier ; rarement il fait deux baux, souvent il n'achève pas le premier ; quelquefois il quitte à l'expiration de la première période.

Le nombre des métayers, étant propriétaires en même temps, est de 1,100, le tiers de leur totalité. C'est dans l'arrondissement d'Issoudun qu'il est le plus considérable.

La durée des baux importe essentiellement à la prospérité de l'agriculture ; on a essayé de bien des moyens pour les soumettre à l'enregistrement. Diminuer le droit, en proportion de la durée du bail, pourrait être une innovation heureuse.

Le revenu des métairies est, en moyenne, de 1,000 à 1,200 francs.

Il y a réellement progrès depuis vingt ans, et, progrès assez marqué depuis une dizaine d'années surtout. Les instruments aratoires sont meilleurs ; la culture des plantes fourragères, qui était ignorée, il y a vingt ans, est aujourd'hui généralement adoptée.

La marne et le noir animal dont plusieurs cultivateurs du département ont fait et font chaque jour usage, montrent aux plus incrédules tout le parti qu'avec ces engrais on peut tirer d'un sol qui a besoin d'être amendé seulement, pour donner de superbes produits. Mais il faut des ressources. Or, il est incontestable que le propriétaire qui cultive lui-même son domaine, obtient des résultats plus satisfaisants que celui qui le fait cultiver par des colons. En effet, le plus ordinairement, ce propriétaire est aisé ; il peut faire à sa propriété les avances dont elle a besoin et dont il recueillera seul le profit. Le colon, au contraire, n'a pas d'argent. Recourra-t-il au crédit foncier ?

Mais il faut des garanties immobilières et la plupart n'ont pas de propriétés.

Il n'y a donc pas possibilité qu'avec le système vicieux du métayage simple ou colonage partiaire, les propriétés de l'Indre et de tout le centre de la France, se relèvent de l'état d'infériorité de produits qu'elles présentent, relativement aux autres contrées où d'autres modes d'exploitation des terres sont en usage, ni que les habitants de ces localités jouissent de longtemps du bien-être qu'ils pourraient avoir sous un régime cultural différent.

Il faudrait, selon moi, pour que cet état de choses changeât, entrer dans une voie nouvelle, c'est-à-dire obtenir la réforme complète du mode actuel d'exploitation des terres.

Bien que je n'aie pas l'espoir que mes idées soient acceptées par les propriétaires de ces contrées, lesquels se trouvent bien, sans doute, de ce qui existe, je n'en exposerai pas moins ici mon système, parce que ce qui ne paraît pas praticable, en de certains moments, peut le devenir dans d'autres, et qu'une idée juste laisse toujours quelques traces ou plutôt quelques germes de progrès, dans les esprits les plus opiniâtres.

PROJET

De réforme du colonage partiaire.

Je crois pouvoir affirmer, sans crainte d'être sérieusement contredit, que c'est au mode fatal et anti-progressif de l'exploitation par voie de colonage partiaire ou métayage, qu'est dû l'état malheureux et précaire dans lequel sont placés encore, dans ce département et dans plusieurs contrées de la France, les artisans des produits agricoles.

Je n'ignore pas que c'est à la difficulté de trouver des fermiers offrant les garanties désirables de solvabilité et de bonne administration, qu'est due, dans ce pays, la continuation du métayage. Le petit nombre d'étrangers qui y sont venus prendre des terres, à titre de bail à loyer, n'ont pas réussi dans leurs entreprises et ont jeté, parmi les propriétaires, une juste méfiance sur ce mode d'exploitation.

Est-ce à l'insuffisance des ressources pécuniaires de ces cultivateurs ou aux fautes qu'ils ont pu commettre, en ne tenant pas compte, dans leurs travaux, des différences géologiques et climatériques qui existent entre le pays d'où ils sortent et celui où ils arrivent? Est-ce encore au mauvais accueil, à la malveillance qu'ils ont rencontrés chez les habitants du pays, jaloux de voir arriver, parmi eux, des hommes plus instruits et envieux de la part qu'ils venaient leur enlever dans l'exploitation du sol ? Est-ce à toutes ces causes réunies qu'est dû l'insuccès de ces étrangers ? Faut-il enfin mettre en ligne de compte, dans le passif de ces entreprises, le prix trop élevé, dit-on, auquel les propriétaires leur ont affermé leurs domaines, prix que ces étrangers, en raison de l'étendue des terres, ne trouvaient pas exagéré d'abord et dont ils n'ont reconnu l'erreur qu'après de désastreuses expériences?

Quoi qu'il en soit et de quelque côté que vienne l'insuccès de ces tentatives, il ne faut pas compter qu'elles se renouvelleront fréquemment, dans ce pays, ni qu'elles y prendront, de longtemps, une extension telle qu'elles pourraient faire disparaître le métayage.

Aussi, n'est-ce pas sur la substitution du bail à loyer au colonage partiaire que s'appuie mon projet de réforme. Il est assis sur d'autres bases. C'est un système plus large, plus économique, plus humanitaire, car, tout en procurant au détenteur du sol un intérêt plus grand et plus assuré des capitaux qu'il engage dans cette entreprise, je sors l'exploitant du domaine, le colon, de la position misérable où le tient la rigueur du contrat qui le lie à son propriétaire ; je lui donne des forces et de l'énergie pour le travail, parce qu'il en profite, sans en avoir seul les charges ; j'accrois son bien-être et par conséquent sa moralité ; je le fixe au sol qu'il cultive, parce qu'il ne trouvera nulle part ailleurs, une condition meilleure.

J'aborde les détails d'exécution de mon projet.

Il serait passé entre le détenteur du fonds et l'exploitant, un contrat qui stipulerait les conditions suivantes :

L'exploitant serait chargé de la direction des travaux de culture et autres, lesquels seraient exécutés conformément à un état d'assolement préalablement arrêté entre les parties contractantes.

Le propriétaire serait chargé de la comptabilité, de l'encaissement des valeurs provenant de l'exploitation, de la garde des produits emmagasinés ou devant l'être, ainsi que du bétail nécessaire à la bonne exploitation du domaine.

Le bétail resterait la propriété exclusive du détenteur du domaine, ainsi que les instruments aratoires et le mobilier de ferme.

Un inventaire estimatif de tous ces objets serait fait au moment où l'exploitant prend possession de la ferme.

Il serait renouvelé tous les ans, afin de connaître l'état de ces objets et de constater la détérioration qu'ils peuvent avoir éprouvée.

Les produits bruts de l'exploitation serviraient à payer :

1° Les frais de culture et autres, les gages des domestiques et leur nourriture, les sommes dues aux journaliers, faucheurs, moissonneurs, charrons, maréchaux, bourreliers, etc.;

2° Le prix de fermage du domaine, arrêté à l'avance dans les clauses du contrat, les impôts et charges qui pourraient être attachés à l'exploitation.

Le surplus, considéré comme bénéfice net, serait partagé entre les parties contractantes, afin de les rémunérer, l'une, de ses travaux et soins, et l'autre des sacrifices qu'elle a faits pour obtenir ce résultat.

C'est simplement, comme on le voit, l'association du capital et du travail. L'idée n'est pas neuve, sans doute, mais son application, quoique restreinte jusqu'alors, a prouvé que toutes les fois qu'elle sera assise sur des bases solides et honnêtes, elle aura les résultats les plus avantageux.

Ce mode de relations me paraît appelé à remplacer utilement le contrat qui existe actuellement entre les propriétaires et les locataires du sol, soit que la locature ait lieu à titre de colonage partiaire, soit qu'elle prenne pour base le bail à loyer.

En effet, le colonage partiaire étant presque toujours contracté avec de malheureux métayers, sans ressources, sans instruction, sans énergie, il arrive souvent que le colon sème seulement des productions grossières, à son usage, et sans valeur marchande. Il réussit, quelquefois même, à faire croire au propriétaire, lorsque celui-ci se plaint, que sa terre n'est pas propre à donner autre chose que ce qu'il cultive.

D'où suit que des terres propres à donner des produits d'une certaine valeur marchande, avec un peu de travail et de soins, sont converties en pâturages où le métayer fait paître son bétail, sans se soucier des intérêts du propriétaire.

En opérant ainsi, le métayer a une raison spécieuse dont est victime le propriétaire. Il cherche à obtenir des produits qui ne doivent pas lui coûter plus de peine, ni de sacrifices qu'à ce propriétaire qui partage avec lui, tandis que s'il opérait autrement, s'il faisait des frais de travail et d'ensemencement, ces avances resteraient à sa charge personnelle et non, pour partie, à celle du propriétaire qui, cependant, prendrait la moitié du produit obtenu par les frais que lui, colon, aurait faits seul.

Le métayer le plus ignorant sait parfaitement cela ; aussi opère-t-il en conséquence. Il résulte de cette position que les intérêts du propriétaire sont à la merci du colon partiaire ; qu'ils peuvent être gravement compromis, et que le revenu peut même cesser presque entièrement.

Les intérêts du propriétaire sont-ils plus garantis avec le bail à loyer ? J'ai dit plus haut les difficultés et les inconvénients que présentait, dans ce pays, ce mode d'exploitation des terres.

J'ajouterai que si l'exploitant, trompé dans ses calculs et ses opérations, se retirait, ruiné, des lieux où il avait porté ses essais, le propriétaire supporte, en ce cas, des pertes relativement aussi considérables, car le fermier n'abandonne le domaine qu'il exploite, qu'après l'avoir ruiné par l'excès des cultures épuisantes qu'il y a faites. Ainsi, non-seulement il peut enlever au détenteur du sol, les intérêts que son capital devait lui produire, mais il laisse le fonds dans un état d'appauvrissement et d'épuisement tel qu'il faut au propriétaire de longues années et de grands sacrifices pour le rétablir dans son état normal de production ; ou, s'il ne peut supporter ces sacrifices, il en subit d'une autre nature, forcé qu'il est de louer ses terres épuisées au nouveau fermier qui se présente, à des conditions très inférieures à celles primitivement acceptées.

Avec le mode de transaction que je propose, il ne peut en être ainsi, car il y a alliance de deux forces qui concourent ensemble à la production et qui ont un intérêt égal à l'obtenir la plus abondante possible, puisqu'elles en bénéficient également.

Il est, en outre, bien préférable à celui des régies ordinaires où l'homme de confiance est peu soucieux de l'abondance des produits, puisqu'elle ne lui profite pas.

Il faut donc le reconnaître, le mode que je propose n'offre qu'avantage et sécurité au propriétaire qui surveille directement ses intérêts, soit par lui-même, soit par mandataire et qui est appelé à profiter de tous les produits, même de ceux que l'on pourrait obtenir en excès, au détriment de sa terre. Il est encore appelé à faire disparaître complètement les déceptions, les sacrifices inutiles, le vol et la fraude, par la raison que la force que le propriétaire s'adjoint, ne doit fonctionner que suivant des conditions arrêtées à l'avance, suivant un tableau dressé de concert, où chaque travail est détaillé et précisé, où chaque produit est plus que présumé, où chaque dépense est définie ; par la raison encore que cette force n'a quoique ce soit à sa disposition et n'a d'autres droits à l'exploitation et à ce qui garnit le domaine, que le travail et la participation aux bénéfices nets de l'entreprise.

Mais doit-il exister des bénéfices nets ? Je crois pouvoir répondre, oui : quelle que soit la nature du sol, il doit toujours y avoir profit à le cultiver. Cela ne s'entend, toutefois, que des terres dans lesquelles se rencontrent tous les principes constitutifs de la végétation des produits agricoles. Je dis donc qu'avec du travail et de l'intelligence, on peut toujours obtenir d'un sol normal des produits qui assurent le bien-être du travailleur et donnent au détenteur du fonds un intérêt assuré et convenable de ses capitaux.

Ce qui a fait que, jusqu'ici, on n'a pas obtenu ces résultats, dans le plus grand nombre des exploitations agricoles de cette région, ce n'est pas, comme on le croit généralement, le manque seul de capitaux, c'est la position fausse dans laquelle sont placés ceux qui exploitent ces domaines, n'ayant qu'un faible intérêt à produire beaucoup, parce que leur travail et leurs avances ne leur profitent pas dans une proportion telle qu'ils soient conduits à faire ces sacrifices. Là est le mal, là est le vice de notre système d'exploitation dans l'Indre, et tant qu'on n'y aura pas, par de judicieuses et salutaires réformes, porté remède, la misère de nos cultivateurs subsistera et les produits de notre sol resteront inférieurs à ce qu'ils pour-raient être.

La seule objection à faire à mon projet, c'est qu'il contraint les propriétaires à habiter, sinon constamment, du moins une partie de l'année, leurs domaines et que, pour beaucoup d'entre eux, cette nécessité serait un dérangement à leurs ha-bitudes.

A cela je répondrai que c'est justement ce déplacement des propriétaires ruraux que je voudrais voir s'opérer, parce que leur présence sur leurs terres et au milieu des cultivateurs, amènerait d'heureux résultats, ceux que produit habituelle-ment la présence de l'homme instruit, humain et ami de l'or-dre, parmi des gens peu éclairés, malheureux et faciles à tromper, parce qu'ils sont isolés, sans appui, sans conseils et que la voix des mauvaises passions ne trouve pas, pour la repousser, ceux qui ont cependant le plus d'intérêt à la com-battre, les propriétaires du sol, tuteurs nés et défenseurs obligés de ceux auxquels ils doivent leur bien-être et leur sécurité.

Je terminerai cet ouvrage par la statistique agricole du dé-partement de l'Indre; je le ferai suivre, comme complément nécessaire, de celle de la France. Ces renseignements ne seront pas sans utilité, je le pense, pour quelques-uns de mes lec-teurs.

STATISTIQUE AGRICOLE

De l'Indre.

L'Indre a une population de........... 271,904 habitants.
Sa superficie totale est de...... ..... 681,069 hectares.
Son revenu territorial est de.......... 9,944,000 francs.
Ses impôts directs sont de .... 2,365,940 id.
Soit, pour les 650,000 hect. imposables,
une moyenne de 4 fr. par hectare.
Les terres arables du département sont de 373,059 hectares.
Les prairies occupent une surface de.... 91,634 id.
Les forêts ont une étendue de......... 84,743 id.
Dont 73,301 hect. appartiennent à des
particuliers et 11,442 hect. sont à l'Etat.
Les vignes couvrent une surface de..... 17,558 id.
Les landes s'étendent sur............. 73,187 id.
Les vergers, pépinières et jardins potagers
sont de............................ 5,870 id.
Les oseraies, aulnaies et saussaies, de.. 76 id.
Les chenevières et houblonnières, de... 162 id.
Les châtaigneraies, de.............. 2,974 id.
Les carrières et mines, de........... 160 id.
Les mares, canaux et abreuvoirs, de... 336 id.
Les étangs, de.................... 9,447 id.
Les routes, chemins, rues, places et
promenades publiques, de............ 13,290 id.
Les rivières, lacs et ruisseaux, de...... 2,115 id.
La surface occupée par les propriétés bâ-
ties est de......................... 2,484 id.
Cimetières, presbytères, églises, bâti-
ments d'utilité publique............... 94 id.
Emplois divers.................... 3,650 id.

Total égal............. 681,069 hectares.

Dans les 73,000 hect. de terrains incultes existant encore dans le département, la contrée appelée la Brenne, dont j'ai parlé en tête de cet ouvrage, y entre pour 60,000 hectares environ.

Ces brandes, au sein desquelles se trouvent près de 10,000 hectares d'étangs, en raison de la nature de leur sol qui se compose de huit à dix centimètres de terre végétale assise sur un sous-sol glaiseux, imperméable, laissent peu d'espoir d'être ramenées à l'état arable. Le dessèchement des petits étangs et mares dont les eaux seraient conduites dans les grands réservoirs qui ne tarissent jamais, serait peut-être le moyen le plus simple et le plus économique de rendre ce pays moins insalubre.

Quant à l'emploi à faire du sol de la Brenne, je crois que le seul profitable serait de convertir en bois toutes les parties qui n'offrent pas les éléments propres à la végétation des herbacées. Comme produit et comme moyen hygiénique, on ne saurait rien faire de mieux. L'exemple de ce qui se passe dans la Sologne, prouve que les résineux seraient l'essence de bois qui croîtrait le mieux dans la Brenne, outre que ces végétaux ligneux sont ceux dont la croissance est la plus rapide et qui donnent ainsi les plus grands et les plus prompts bénéfices que l'on puisse obtenir de ce genre de culture.

Voici, pour les personnes qui voudraient connaître la division, par canton, de chacune des diverses catégories du sol, un extrait du Registre Terrier de l'Indre, qui satisfera à ce désir.

Suit le Tableau.

EXTRAIT du Registre Fe...

CANTONS.	SUPERFICIE totale du TERRITOIRE.	CULTURES PRINCIPALES.				CONTENANCE ET DISTI... 7E...			
		TERRES labourables et terrains évalués par assimilation à ces terres.	PRÉS et herbages.	VIGNES.	BOIS.	vergers, pépinières, jardins potagers.	Oseraies, aulnaies et saussaies.	Carrières et mines.	Mares...

Arrondissem...

	hect. a.								
Châteauroux............	33,315 26	20,457 88	2,267 15	946 26	5,485 24	287 53	»	12 46	10
Ardentes..............	35,778 59	17,515 37	3,587 85	31 73	3,083 40	181 69	» 62	2 45	20
Argenton..............	23,544 64	10,004 00	3,518 15	1,552 67	3,799 90	175 03	15 48	2 77	5
Buzançais.............	42,837 64	22,971 94	4,992 15	895 79	7,531 95	580 74	26 53	12 52	18
Châtillon.............	27,472 16	14,843 80	3,952 92	609 95	2,331 49	275 36	»	7 08	25
Écueillé.............	22,033 88	22,033 88	3,034 96	112 08	3,013 37	168 66	2 15	1 25	12
Levroux..............	34,303 49	25,091 99	2,917 92	539 36	3,425 77	273 06	4 46	2 35	9
Valençay.............	32,624 86	15,386 80	3,615 71	810 58	5,341 23	327 57	» 67	4 41	29
	251,910 52	136,431 52	27,486 85	5,498 43	34,012 35	2,269 64	49 91	45 29	132

Arrondissem...

Issoudun (Nord)........	26,798 48	20,443 94	2,219 21	2,871 69	511 49	98 82	»	4 83	4
Issoudun (Sud)........	40,612 47	26,147 02	2,071 51	1,569 29	3,640 26	257 54	4 26	43 »	19
Saint-Christophe........	24,640 66	13,742 05	4,237 54	596 41	1,598 52	298 09	2 98	7 12	53
Vatan................	25,827 91	17,170 60	2,556 50	709 36	2,507 05	251 45	»	6 41	16
	117,876 52	77,503 61	11,084 76	5,746 75	8,257 32	905 80	7 24	61 36	87

Arrondissem...

La Châtre.............	42,669 22	24,168 78	9,618 32	886 74	3,296 79	547 73	9 80	11 09	51
Aigurande.............	28,306 82	15,853 88	5,530 57	9 09	1,982 58	204 10	» 80	2 02	2
Éguzon...............	14,402 94	6,645 87	3,253 83	586 88	735 43	201 07	2 81	10 45	10
Neuvy-Saint-Sépulchre....	26,972 93	15,076 21	7,349 58	503 22	1,805 29	293 23	4 21	9 27	9
Sainte-Sévère..........	18,473 12	10,368 07	3,368 07	75 59	1,493 01	251 27	»	3 82	3
	130,825 03	72,112 81	29,119 77	2,061 52	9,013 11	1,497 40	14 62	36 65	36

Arrondissem...

Le Blanc..............	37,207 81	18,833 37	2,797 90	1,458 05	3,619 41	273 30	» 18	16 50	18
Bélâbre...............	28,091 62	13,233 77	4,772 48	478 51	4,592 71	154 35	»	5 63	5
Mézières.............	32,848 26	16,769 34	3,589 66	316 92	3,875 38	161 03	3 79	20 09	20
Saint-Benoît..........	31,867 30	13,570 79	8,983 91	548 91	1,835 89	213 89	» 35	10 27	10
Saint-Gaultier.........	28,634 87	11,681 28	1,793 55	390 46	6,776 52	153 04	»	7 60	7
Tournon..............	21,807 82	13,222 78	2,005 15	1,058 75	1,318 76	241 79	» 50	17 81	17
	180,457 68	87,311 33	23,942 65	4,251 60	22,018 57	1,197 40	4 82	79 90	79

RÉCAPITULATI...

	681,069 75	373,059 27	91,634 03	17,558 29	73,301 34	5,870 24	76 59	336 64	336

partement de l'Indre.

ÉTANGS.	Chenevières et houblonnières.	CHATAIGNERAIES.	TOTAL des propriétés non bâties.	Contenance des propriétés bâties.	TOTAL général de la contenance imposable.	Routes, chemins, rues, places et promenades publiques.	Rivières, lacs et ruisseaux.	Forêts et domaines non productifs.	Cimetières, presbyt., bâtimens d'utilité publique, églises.	Objets divers.	TOTAL.
PRIÉTÉS IMPOSABLES.					**TOTAL général**	**CONTENANCE DES OBJETS NON IMPOSABLES.**					

eauroux.

ÉTANGS.	Chenevières et houblonnières.	CHATAIGNERAIES.	TOTAL des propriétés non bâties.	Contenance des propriétés bâties.	TOTAL général de la contenance imposable.	Routes, chemins, etc.	Rivières, lacs et ruisseaux.	Forêts et domaines non productifs.	Cimetières, etc.	Objets divers.	TOTAL.
376 60	»	»	32,405 56	143 13	32,548 69	667 79	85 63	»	8 82	4 33	766 57
510 76	»	»	29,458 53	95 69	29,554 22	927 54	131 62	5,161 53	3 68	»	6,224 37
157 68	75 22	» 21	22,620 70	97 37	22,718 07	690 87	130 58	»	2 87	2 25	826 57
..,626 40	»	9 39	41,503 44	153 23	41,656 67	1,023 13	154 61	»	3 23	»	1,180 97
70 45	»	»	26,340 06	103 42	26,443 48	924 44	101 69	»	2 55	»	1,028 68
28 64	2 45	»	21,440 39	76 74	21,517 13	497 91	16 28	»	2 56	»	516 75
413 06	45 48	» 66	33,488 78	133 77	33,622 55	646 34	29 63	»	3 93	1 04	680 94
93 83	27 22	» 90	31,403 69	123 48	31,527 17	985 22	66 27	29 97	3 98	12 25	1,097 69
2,977 12	150 37	11 16	238,661 15	926 83	239,587 98	6,363 24	716 31	5,191 50	31 62	29 87	12,322 54

un.

ÉTANGS.	Ravins.		TOTAL des propr. non bâties.	Contenance des propr. bâties.	TOTAL général.	Routes, etc.	Rivières, etc.	Forêts, etc.	Cimetières, etc.	Objets divers.	TOTAL.
» 38		»	26,202 20	94 19	26,296 39	440 08	56 64	»	2 37	»	499 09
37 01	»	»	34,599 74	166 19	34,765 93	668 99	100 56	5,062 22	14 77	»	5,846 54
74 07	» 30	»	23,052 44	100 60	23,153 04	816 43	152 07	493 49	2 06	23 57	1,487 62
16 97	1 11	»	25,015 07	107 26	25,122 33	626 56	32 26	44 68	2 08	»	705 58
128 43	1 41	»	108.869 45	468 24	109,337 69	2,552 06	341 53	5,600 39	21 28	23 57	8,538 83

châtre.

ÉTANGS.	Chenev.	CHATAIGNERAIES.	TOTAL non bâties.	Contenance bâties.	TOTAL général.	Routes, etc.	Rivières, etc.	Forêts, etc.	Cimetières, etc.	Objets divers.	TOTAL.
25 53	»	138 48	40,968 40	191 95	41,160 35	1,413 86	86 56	»	8 43	» 02	1,508 87
91 72	»	1,292 83	27,488 24	100 46	27,588 70	666 49	47 76	»	3 87	»	718 12
15 47	»	124 67	13,380 18	52 87	13,433 05	447 70	144 89	375 54	1 76	»	969 89
15 50	» 04	76 07	25,835 32	120 21	25,955 53	937 97	72 83	»	6 60	»	1,017 40
27 39	»	838 97	17,835 43	58 08	17,993 51	540 21	38 02	»	1 38	»	579 61
175 61	» 04	2,471 02	127,507 57	523 57	126,031 14	4,006 23	390 06	375 54	22 04	» 02	4,793 89

.Œ.

ÉTANGS.	Carroir.	CHATAIGNERAIES.	TOTAL non bâties.	Contenance bâties.	TOTAL général.	Routes, etc.	Rivières, etc.	Forêts, etc.	Cimetières, etc.	Objets divers.	TOTAL.
1,617 28	2 06	5 94	35,945 16	108 58	36,053 74	936 30	213 82	»	3 97	»	1,154 07
235 23	»	»	27,169 49	88 93	27,258 42	720 62	109 29	»	3 29	»	833 20
1,957 57	7 19	»	32,056 67	105 60	32,162 27	648 13	34 88	»	2 98	»	685 99
83 51	»	485 98	30,442 28	105 37	30,547 65	965 48	74 62	274 87	4 68	»	1,319 65
1,539 78	»	»	27,905 80	74 94	27,980 74	557 66	94 08	»	1 80	» 59	654 13
763 12	1 24	»	21,040 84	82 52	21,123 36	541 01	140 95	»	2 50	»	684 46
6,196 49	10 49	491 92	174,560 24	565 94	175,126 18	4,369 20	667 64	274 87	19 20	» 59	5,331 50

ILE DU DÉPARTEMENT.

ÉTANGS.		CHATAIGNERAIES.	TOTAL non bâties.	Contenance bâties.	TOTAL général.	Routes, etc.	Rivières, etc.	Forêts, etc.	Cimetières, etc.	Objets divers.	TOTAL.
9,477 65	162 31	2,974 10	646,798 41	2,484 58	650,082 99	3,290 73	2,115 54	11,442 30	94 14	44 05	30,986 76

Je vais faire connaître maintenant, dans les tableaux suivants, quels sont les produits obtenus, en moyenne, des terres cultivées dans chacun des arrondissements du département.

Ces documents, puisés à une source officielle, sont aussi exacts qu'ils peuvent l'être, et bien qu'ils aient été fournis pour l'année 1853, ils pourront servir de base à des évaluations très approximatives, le département de l'Indre ayant eu, l'année dernière, des produits en céréales à peu près égaux à ceux qu'il obtient habituellement.

Quant aux pommes de terre, aux légumes secs, aux châtaignes et à la vigne, qui ont donné, en 1853, des produits très inférieurs à ce qu'ils sont habituellement, on verra, dans les tableaux comparatifs des produits ordinaires et de ceux obtenus en 1853, à combien se monte le déficit de chacune de ces récoltes et l'on pourra établir ainsi le chiffre de leur production normale.

Aucun document officiel n'ayant pu m'être fourni pour les prairies naturelles et artificielles, les plantes oléagineuses, textiles, et celles dites plantes sarclées, autres que les pommes de terre, j'ai opéré, pour établir la division de ces cultures, par approximation, et en suite des renseignements que m'ont fournis sur la matière des hommes très compétents, ayant fait partie de la commission départementale d'agriculture, pour l'année 1851.

ÉTAT DES RÉCOLTES EN GRAINS ET AUTRES FARINEUX.

ARRONDISSEMENT DE CHATEAUROUX.

POPULATION non compris les passagers. 102,915

ESPÈCES de grains et de farineux.	Nombre d'hectares ensemencés en chaque espèce.	PRODUIT. Quantité moyenne de semence par hectare. (hectolit.)	Nombre de fois que la semence se multiplie, année commune.	Nombre de fois que la semence s'est multipliée en 1853.	Produit par hectare en 1853. (hectoli.)	Produit total de chaque espèce de grains et de farineux en 1853. (hectolitres)	CONSOMMATION. pour la nourriture de chaque individu.	pour la nourriture de tous les habitants.	Pour la nourriture des animaux domesques.	pour les semences.	Pour les distilleries, brasseries, et tous autres usages.	TOTAL des besoins annuels.	COMPARAISON excédant.	déficit.	Poids moyen d'un hectolitre de chaque espèce de grains de la récolte de 1853.
Froment	27,303	1 80	8	8	14 40	393,163	2 25	231,558	» »	49,445	»	280,703	112,460	»	76
Méteil	1,405	1 70	9	8	13 60	19,408	»	16,720	» »	2,388	»	19,408	»	»	74
Seigle	4,416	1 60	10	9	14 40	63,590	2 25	56,525	» »	7,065	»	63,590	»	»	72
Orge et mouture	19,000	1 80	7	7	12 60	239,400	»	158,313	3,400	34,200	3,366	189,299	50,121	»	65
Sarrazin	6	0 50	»	»	20 »	2,220	»	»	2,165	055	»	2,220	»	»	»
Maïs et millet	111	»	8	8	20 »	»	»	»	120	»	»	120	»	»	»
Avoine	24,926	1 80	»	»	14 40	358,934	»	»	250,565	44,866	»	295,431	63,503	»	45
Légumes secs	800	2 »	8	8	15 »	12,000	0 10	10,291	»	1,600	»	11,891	109	»	»
Autres menus grains	»	»	»	»	»	»	»	»	»	»	»	»	»	»	»
TOTAUX	77,967	1 48	14	4	56	1,088,535	1	473,407	236,250	»	»	»	»	»	»
Pommes de terre	1,348	»	»	»	56	75,488	»	102,915	30,000	48,862	»	154,777	76,239	»	»
Châtaignes	11	»	»	»	6 »	»	»	»	»	»	»	»	»	»	»
Vignes	5,498	»	»	»	»	32,988	1	102,915	»	»	»	102,915	70,037	»	»

ARRONDISSEMENT D'ISSOUDUN.

POPULATION non compris les passagers.	ESPÈCES de grains et de farineux.	Nombre d'hectares ensemencés en chaque espèce de grains et farineux.	PRODUIT. Quantité moyenne de semence par hectare.	PRODUIT. Nombre de fois que la semence se multiplie, année commune.	PRODUIT. Nombre de fois que la semence s'est multipliée en 1853.	PRODUIT. Produit par hectare en 1853.	PRODUIT. Produit total de chaque espèce de grains et de farineux en 1853.	CONSOMMATION. de chaque individu.	CONSOMMATION. pour la nourriture de tous les habitants.	CONSOMMATION. Pour la nourriture des animaux domestiques.	CONSOMMATION. pour les semences.	CONSOMMATION. Pour les distilleries, brasseries et tous autres usages.	TOTAL des besoins annuels.	COMPARAISON du produit avec la consommation. excédant.	COMPARAISON du produit avec la consommation. déficit.	Poids moyen d'un hectolitre de chaque espèce de grains de la récolte de 1853.
50,568	Froment	17,247	2 »	7	7	14 »	241,458	2 50	126,420	»	30,004	»	156,424	85,034	»	76
	Méteil	798	2 »	7	7	14 »	11,172	0 80	40,454	»	781	»	41,235	»	30,063	72
	Seigle	4,280	2 »	7	7	14 »	47,920	1 »	50,563	1,996	4,996	»	54,564	»	6,644	72
	Orge	7,107	2 50	12	10	20 »	142,140	1 50	75,952	2,762	12,189	»	91,278	50,862	»	63
	Sarrazin	30	2 »	5	12	6 »	180	»	»	60	5	375	65	115	»	40
	Maïs et millet	2	1 »	8	5	48 »	10	»	»	7	2	»	9	1	»	40
	Avoine	11,759	2 »	10	9	20 »	211,662	»	»	123,240	22,817	»	146,057	65,605	»	43
	Légumes secs	322	2 »	6	10	»	6,440	0 50	25,284	426	332	»	26,042	»	19,602	75
	Autres menus grains	308	1 60	»	6	9 60	2,956	0 05	2,528	3,725	755	»	7,008	»	4,052	60
	TOTAUX	38,853			»	»	633,938	6 35	321,206	132,216	68,881	375	522,678	204,617	90,357	»
	Pommes de terre	692	12	10	7	84 »	58,128	1	50,568	8,732	7,229	»	66,529	»	8,401	70
	Châtaignes	»	»	»	»	»	»	»	»	»	»	»	»	»	»	»
	Vignes	6,500	»	»	»	4 »	26,000	2	101,136	»	»	»	101,136	»	75,136	60

ARRONDISSEMENT DE LA CHATRE.

POPULATION non compris les passagers : 57,344

ESPÈCES de grains et de farineux	PRODUIT — Nombre d'hectares ensemencés en chaque espèce de grains et farineux	Quantité moyenne de semence par hectare (hectol.)	Nombre de fois que la semence se multiplie, année commune	Nombre de fois que la semence s'est multipliée en 1853	Produit par hectare en 1853 (hectol.)	Produit total de chaque espèce de grains et de farineux en 1853 (hectolitres)	CONSOMMATION — pour la nourriture de chaque individu	pour la nourriture de tous les habitants	Pour la nourriture des animaux domestiques	pour les semences	Pour les distilleries, brasseries et tous autres usages	TOTAL des besoins annuels	COMPARAISON — excédant	déficit	Poids moyen d'un hectolitre de chaque espèce de grains de la récolte de 1853
Froment	7,868	2 »	6	4 1/10	8 20	64,600	3 »	174,000	»	36,900	»	210,900	»	42,300	75
Méteil	10,720	2 20	7	4 1/5	8 40	90,100	»	»	8,500	500	»	41,900	10,400	»	70
Seigle	1,650	1 50	8	7	8 40	13,900	»	»	30,000	8,000	»	38,000	»	»	74
Orge	960	»	40	25	12 50	11,900	»	»	220	170	»	1,550	»	»	63
Sarrazin	4,190	2 »	8	5 3/5	11 30	48,400	05	2,900	»	»	»	»	»	»	»
Mais et millet	162	1 50	8	6	9 »	1,550	»	»	»	»	»	»	»	»	45
Avoine	»	»	»	»	»	»	02	1,160	»	»	»	»	»	»	»
Légumes secs	»	»	»	»	»	»	»	»	»	»	»	»	»	»	»
Autres menus grains	»	»	»	»	»	»	»	»	»	»	»	»	»	»	»
TOTAUX	25,450					230,450	3 07	178,060	38,720	45,570	»		10,400	42,300	
Pommes de terre	1,367	12	8	4	49	66,900	25	44,500	34,400	44,000	»	66,900	»	29,350	»
Chataignes	2,491	»	»	»	»	15,150	25	44,500	30,000	»	»	44,500	»	»	»
Vignes	1,910	»	»	»	»	19,100	»	»	»	»	»	»	»	»	»

ARRONDISSEMENT DU BLANC.

POPULATION non comptés les passagers. 61,077	ESPÈCES de grains et de farineux.	PRODUIT — Nombre d'hectares ensemencés en chaque espèce de grains et farineux.	Quantité moyenne de semence par hectare.	Nombre de fois que la semence se multiplie, année commune.	Nombre de fois que la semence s'est multiplié en 1853.	Produit par hectare en 1853.	Produit total de chaque espèce de grains et de farineux en 1853.	COMSOMMATION — pour la nourriture de chaque individu.	pour la nourriture de tous les habitants.	Pour la nourriture des animaux de trait et de mestige.	pour les semences.	Pour les distilleries, brasseries et tous autres usages.	TOTAL des besoins annuels.	COMPARAISON du produit avec la consommation — excédant.	déficit.	Poids moyen d'un hectolitre de chaque espèce de grains de la récolte de 1853.
	Froment.....	15,400	1 70	6	6	10 2	157,080	2 10	128,262	»	26,180	»	154,442	2,638	»	75
	Méteil......	2,200	1 60	6	6	9 6	44,520	» 25	15,260	»	3,520	»	18,790	»	4,270	72
	Seigle......	4,200	1 50	6	6	9 »	37,800	» 45	27,485	»	6,300	»	33,785	4,015	»	71
	Orge et mouture......	8,600	1 60	5	6	9 6	82,660	70	42,754	3,000	13,760	428	65,514	17,146	»	60
	Sarrazin.....	280	» 50	40	30	15 »	4,200	»	»	2,000	140	»	2,140	2,060	»	45
	Maïs et millet.	8,500	1 70	7	7	11 9	101,450	»	»	»	14,450	»	84,450	16,700	»	»
	Avoine......	160	» 60	15	15	9 »	1,050	» 05	3,053	70,000	96	»	3,149	»	2,099	42
	Légumes secs..	45	1 »	10	10	10 »	450	»	»	»	45	»	45	435	»	80
	Autres menus grains.....															
	Totaux..	39,355					398,610	3 55	216,824	75,000	64,461	428	361,285	43,694	6,369	60
	Pommes de terre....	2,000	10 »	9	4	40 »	80,000	» 30	18,231	80,000	118,231	»	118,231	»	38,231	»
	Châtaignes..	491	»	»	»	»	5,000	» 10	6,107	6,000	12,107	»	12,107	»	7,107	»
	Vignes.......	4,600	»	»	»	5 »	20,000	»	23,000	»	»	»	23,000	»	3,000	»

Résumé des récoltes en grains et autres farineux pour le département de l'Indre.

POPULATION non compris les passagers. 271,904

ESPÈCES de grains et de farineux.	Nombre d'hectares ensemencés en chaque espèce de grains et farineux.	Quantité moyenne de semence par hectare.	Nombre de fois que la semence se multiplie, année commune.	Nombre de fois que la semence s'est multipliée en 1853.	Produit par hectare en 1853.	Produit total de chaque espèce de grains et de farineux en 1853.	Quantité approximative de grains et de farineux nécessaire — pour la nourriture de chaque individu.	pour la nourriture de tous les habitants.	Pour la nourriture des animaux domestiques.	d'hectolitres annuellement pour les semences.	Pour les distilleries, brasseries, et tous autres usages.	TOTAL des besoins annuels.	COMPARAISON du produit avec la consommation. excédant.	déficit.	Poids moyen d'un hectolitre de chaque espèce de grains de la récolte de 1853.
		hectolit.			hectol.	hectolitres.									
Froment.....	65,974	1 80	8	8 »	14 40	950,425	2 25	611,783	»	118,753	»	730,536	219,489	»	76
Méteil.......	3,447	1 70	9	8 »	13 60	46,879	»	»	»	5,860	»	46,879	»	»	74
Seigle.......	19,712	1 60	10	7 »	11 20	220,774	2 25	611,783	»	31,539	»	218,774	2,000	»	72
Orge........	36,838	1 80	7	7 »	12 60	464,133	»	»	6,000	66,308	4,136	459,973	4,160	»	64
Sarrazin.....	8	» 50	»	»	20 »	26,700	»	»	26,700	667	»	26,700	»	»	»
Maïs et millet.		»	»	»	20 »	160	»	»	160	»	»	160	»	»	»
Avoine......	48,980	1 80	8	8 »	14 40	705,312	» 10	20,748	544,025	88,164	»	602,189	103,423	»	44
Légumes secs.	4,596	2 »	8	»	15 »	23,940	»	»	»	3,192	»	»	»	3,919	»
Autres menus grains....	323	1 60	»	9 60	»	3,506	» 05	2,528	3,725	770	»	7,023	»	»	44
TOTAUX....	178213	»	8	»	»	2,444,429	»	1,246,842	580,160	315,253	4,136	2,092,234	328,772	3,919	60
Pommes de terre....	5,333	4 4	8	4 »	56	298,648	1 »	271,904	178,000	741,662	»	522,566	»	225,918	»
Châtaignes....	2,974	»	»	»	»	20,000	» 25	20,607	36,000	»	»	56,607	»	36,457	»
Vignes......	17,998	»	»	»	5	89,990	1 »	274,904	»	»	»	274,904	»	181,914	»

Dans les 373,059 hectares de terres labourables du département de l'Indre, 183,223 hectares seulement sont remplis par les récoltes précédentes : les 189,836 hectares restants présentent, approximativement, pour leurs cultures et leurs produits, les divisions suivantes :

Jachères, le 1/4 des terres arables......... 93,235 hect.
Prairies artificielles..................... 84,930
Plantes textiles......................... 200
Plantes oléagineuses.................... 5,675
Racines sarclées........................ 5,734
Houblonnières........... 62
                                          ─────────
                                          189,836 hect.
Céréales et farineux comme ci-dessus....... 183,223
Prairies naturelles, herbages............. 91,634
                                          ─────────
Contenance du domaine agricole proprement
dit............................... .... 464,693 hect.
Si l'on ajoute à ce chiffre les vignes pour..... 17,558
                                          ─────────
On aura, pour toutes les terres cultivées.... 482,251 hect.
Y ajoutant les landes et bruyères pour..... 73,000
                                          ─────────
La surface agricole du département sera de.. 555,251 hect.
Enfin les bois couvrant une surface de...... 84,723
                                          ─────────
Le sol productif du département est de...... 639,974 hect.
Le surplus du territoire, soit............. 41,095

S'applique aux catégories indiquées dans le registre Terrier dont j'ai donné le tableau ci-dessus.

Il résulte des documents précédents que le département de l'Indre produit habituellement, en céréales et farineux, ce qui est nécessaire à ses besoins, et que, dans les années d'abondance, il peut en livrer au commerce extérieur d'assez grandes quantités, puisqu'il a pu, même en 1853, exporter plus de 200,000 hectolitres de céréales, inutiles à la subsistance de ses habitants.

Quantité et valeur brutes des produits agricoles.

Froment, 65,974 hectares, donnant 14 hectolitres 50 litres
à l'hectare, 950,625 hectolitres, à 15 fr...... 14,250,375 f.
Méteil, 3,417 hectares, donnant 13 hectol.
60 lit. à l'hectare, 46,879 hectol., à 12 fr..... 562,548
Seigle, 19,712 hectares, donnant 11 hectol.
20 lit. à l'hectare, 220,774 hectol., à 10 fr... 2,207,740
Orge, 36,838 hectares, donnant 12 hectol.
60 lit. à l'hectare, 464,133 hectol., à 8 fr.... 3,713,064
Sarrasin, 1,335 hectares, donnant 20 hectol.
à l'hectare, 26,700 hectol., à 5 fr.......... 133,500
                                          ─────────
            A reporter........... 20,867,227

Report.................	20,867,227 f.
Maïs et millet, 8 hectares, donnant 20 hectol. à l'hectol., 160 hectol., à 12 fr............	1,920
Avoine, 48,980 hectares, donnant 16 hectol. à l'hectare, 773,680 hectol., à 5 fr.........	3,868,400
Légumes secs, 1,596 hectares, donnant 15 hectol. à l'hectare, 23,900 hectol., à 10 fr....	239,000
Menus grains, 323 hectares, donnant 12 hectol. à l'hectare, 3,876 hectol., à 8 fr.....	30,008
Pommes de terre, 5,333 hectares, donnant 50 hectolitres à l'hectare, 266,556 hectol., à 4 fr..................................	1,066,600
Racines, 84,930 hectares, donnant 25,000 kil. à l'hectare, 143,350,000 kilogrammes, à 15 fr...............................	716,750
Châtaignes, 2,974 hectares, donnant 100 hectol. 41 litres à l'hectare, 298,648 hectol., à 6 fr. les 1,000 kilog...................	1,791,888
Houblon, 62 hectares, donnant 1,700 kilog. à l'hectare, 105,400 kilog., à 155 fr. les 100 kil.	163,370
Plantes textiles, 200 hectares, donnant 360 kil. de filasse à l'hectare, 72,000 kilog., à 200 fr. les 100 kilog........................	144,000
Plantes oléagineuses, 5,675 hectares, donnant 15 hectol. à l'hectare, 85,125 hectol., à 18 fr. l'hectolitre......................	1,532,250
Prairies artificielles, 84,930 hectares, donnant 2,500 kilog. à l'hectare, 212,325,000 kilog., à 50 fr. les mille kilog...................	1,061,625
Prairies naturelles, 91,634 hectares, donnant 1,500 kilog. à l'hectare, 137,451,000 kil., à 50 fr. les mille kilogrammes.............	6,872,550
Vigne, 17,998 hectares, donnant 5 hectolit. à l'hectare, 89,990 hectol., à 20 fr. l'hectol...	1,799,800
Produit brut de la culture......	40,155,388

On a vu, au commencement de cette statistique, que le produit net de ces récoltes ne se monte qu'à 9,944,000 fr., soit à peine le quart du produit brut.

Il me reste, pour compléter cette statistique, à faire connaître le nombre des animaux domestiques existant dans le département, d'après un recensement exécuté, en 1851, par la commission départementale d'agriculture.

Recensement général des animaux domestique

ESPÈC

NOMS des CANTONS.	CHEVAUX ENTIERS.			CHEVAUX HONGRES.			JUMENTS.		
	NOMBRE des animaux.	PRIX MOYEN par tête.	VALEUR TOTALE.	NOMBRE des animaux.	PRIX MOYEN par tête.	VALEUR TOTALE.	NOMBRE des animaux.	PRIX MOYEN par tête.	VALEU TOTAL.
		fr. c.	fr. c.		fr. c.	fr.		fr. c.	fr.
								Arrondissemen	
Ardentes...............	180	200 »	36,000 »	21	150 »	3,450	303	240 »	72,7
Argenton...............	306	175 »	53,550 »	392	120 »	35,040	349	120 »	41,8
Buzançais.	582	300 »	174,600 »	55	200 »	11,000	423	250 »	105,7
Châteauroux............	1,275	450 »	573,750 »	72	300 »	21,000	318	180 »	57,9
Châtillon-sur-Indre......	128	300 »	38,400 »	50	200 »	10,000	290	250 »	72,5
Écueillé...............	218	550 »	119,900 »	19	200 »	800	418	280 »	107,0
Levroux...............	843	337 50	284,512 50	11	300 »	3,300	193	275 »	53,0
Valençay...............	657	400 »	262,800 »	20	250 »	5,000	447	220 »	98,3
	4,189	368 47	1,543,502 50	540	215 »	92,890	2,741	225 66	618,
								Arrondissemen	
Issoudun (Nord)........	1,350	300 »	405,000 »	21	300 »	6,300	148	200 »	29,0
Issoudun (Sud).........	751	350 »	262,850 »	24	300 »	7,200	266	200 »	53,
Saint-Christophe........	521	350 »	182,350 »	»	»	»	559	275 »	153,
Vatan.................	826	350 »	289,100 »	23	300 »	6,900	407	275 »	111,
	3,448	330 42	1,139,300 »	68	300 »	20,400	1,380	252 50	348,
								Arrondissemen	
Aigurande..............	20	120 »	2,400 »	150	120 »	18,000	191	150 »	28,
Éguzon................	40	120 »	4,800 »	256	120 »	30,720	132	150 »	19,8
La Châtre..............	101	200 »	20,200 »	233	150 »	34,950	648	180 »	116,
Neuvy-Saint-Sépulcre....	26	150 »	3,900 »	94	140 »	13,160	326	150 »	48,
Sainte-Sévère..........	»	»	»	67	150 »	10,050	135	150 »	20,
	187	167 38	31,300 »	800	133 60	106,880	1,432	163 57	234,
								Arrondissemen	
Bélabre...............	14	190 »	2,660 »	123	250 »	30,750	344	240 »	82,
Le Blanc...............	81	250 »	20,250 »	322	200 »	64,400	400	200 »	80,
Mézières...............	78	240 »	18,720 »	91	180 »	16,380	447	200 »	89,
St.-Benoist-du-Sault.....	56	150 »	8,400 »	175	120 »	21,000	359	150 »	38,
St.-Gaultier............	46	100 »	4,600 »	140	150 »	21,000	350	180 »	63,
Tournon-St.-Martin......	81	250 »	20,250 »	145	200 »	29,000	244	200 »	48,
	356	210 34	74,880 »	996	183 26	182,530	2,044	196 48	402,

dans le département de l'Indre.

CHEVALINE.

POULAINS ET POULICHES (de moins de deux ans).

NOMBRE des animaux.	PRIX MOYEN par tête.	VALEUR TOTALE.
le Châteauroux.	fr. c.	fr.
236	135 "	31,860
197	85 »	16,745
151	95 »	14,345
168	80 »	13,400
105	95 »	9,975
118	180 »	21,240
33	120 »	3,960
64	90 »	5,760
1,072	109 41	117,285
d'Issoudun.		
22	150 »	3,300
79	150 »	11,850
176	150 »	26,400
85	150 »	12,750
362	150 »	54,300
de La Châtre.		
138	100 »	13,800
81	100 »	8,100
380	105 »	39,900
216	95 »	20,520
180	105 »	18,900
995	101 75	101,240
du Blanc.		
176	105 »	18,480
222	110 »	24,400
155	120 »	18,600
134	85 »	11,390
203	110 »	22,330
61	110 »	6,710
951	107 18	101,930

	POULAINS ET POULICHERS.		JUMENTS.		CHEVAUX HONGRES.		CHEVAUX ENTIERS.	
	VALEUR TOTALE.	NOMBRE des animaux.	VALEUR TOTALE.	NOMBRE DES ANIMAUX.	VALEUR TOTALE.	NOMBRE des animaux.	VALEUR TOTALE.	NOMBRE DES ANIMAUX.
	fr.		fr.		fr.		fr. c.	
Arrondissement de Châteauroux.	117,285	1,072	618,545	2,741	92,890	540	1,543,512 50	4,189
Id. d'Issoudun....	54,300	362	348,450	1,380	20,400	68	1,139,300 "	3,448
Id. de La Châtre..	101,240	995	235,240	1,432	106,880	800	31,300 "	187
Id. du Blanc......	101,930	951	402,610	2,044	182,530	996	74,880 "	356
	374,755	3,380	1,603,845	7,597	402,700	2,404	2,788,992 50	8,480

ESPÈC

NOMS des CANTONS.	TAUREAUX ET TAURILLONS.				BOEUFS.			
	NOMBRE des animaux.	POIDS MOYEN BRUT par tête.	PRIX MOYEN par tête.	VALEUR TOTALE.	NOMBRE des animaux.	POIDS MOYEN BRUT par tête.	PRIX MOYEN par tête.	VALEUR TOTALE.
Arrondissement		kilog.	fr. c.	fr.		kilog.	fr. c.	fr.
Ardentes........................	449	150	80 »	35,920	1,144	450	200 »	228,800
Argenton.......................	710	»	90 »	63,900	1,271	500	200 »	254,200
Buzançais......................	780	»	60 »	46,800	2,238	400	200 »	447,600
Châteauroux...................	293	»	80 »	23,440	761	400	200 »	152,200
Châtillon-sur-Indre...........	535	»	85 »	45,475	1,575	»	200 »	315,000
Écueillé.......................	492	325	85 »	46,320	1,031	550	200 »	206,200
Levroux.......................	156	»	72 50	11,310	430	209	132 50	56,975
Valençay......................	137	»	85 »	11,645	421	250	160 »	67,360
	3,252	»	»	254,810	8,871	»	»	1,728,335
Arrondissement								
Issoudun (Nord)................	122	»	110 »	13,420	97	250	150 »	14,550
Issoudun (Sud).................	232	»	110 »	25,520	511	265	150 »	76,650
Saint-Christophe...............	411	165	150 »	61,650	545	250	187 50	102,1875
Vatan..........................	173	»	120 »	20,760	166	200	130 »	21,580
	938	»	»	121,350	1,319	»	»	214,967 5
Arrondissement								
Aigurande......................	1,364	75	100 »	136,400	1,954	270	220 »	429,880
Éguzon.........................	252	150	80 »	20,160	583	250	180 »	104,914
La Châtre......................	625	»	80 »	50,000	2,342	500	230 »	538,660
Neuvy-Saint-Sépulcre...........	1,094	80	40 »	43,760	1,514	250	180 »	272,520
Sainte-Sévère..................	750	»	80 »	60,000	956	250	230 »	219,880
	4,085	»	»	310,320	7,349	»	»	1,565,880
Arrondissement								
Bélâbre........................	880	»	100 »	88,000	2,307	235	202	446,014
Le Blanc.......................	788	»	60 »	47,280	2,658	250	200	531,600
Mézières.......................	605	»	80 »	48,400	2,181	500	200	436,200
Saint-Benoist-du-Sault.........	282	»	80 »	102,560	2,195	250	200	439,000
Saint-Gaultier.................	845	»	70 »	59,150	1,670	400	160	267,200
Tournon-Saint-Martin..........	336	»	125 »	42,000	1,700	275	225	382,500
	4,736	100	»	387,390	12,711	»	»	2,322,514
TOTAL.................	13,011	»	»	1,073,870	30,250	»	»	6,031,6965

VINE.

des animaux.	POIDS MOYEN BRUT par tête.	PRIX MOYEN par tête.	VALEUR TOTALE.	NOMBRE des animaux.	POIDS MOYEN BRUT par tête.	PRIX MOYEN par tête.	VALEUR TOTALE.	NOMBRE des animaux.	POIDS MOYEN BRUT par tête.	PRIX MOYEN par tête.	VALEUR TOTALE.
	VACHES.				GÉNISSES.				VEAUX ET VELLES (moins de six mois).		
	kilog.	fr	fr.	kilog.		fr. c.	fr. c.		kilog.	fr. c.	fr. c
e Châteauroux.											
076	250	110	118,360	264	»	50 »	13,200 »	283	50	16 »	4,528 »
888	250	110	207,680	400	90	35 .	14,000 »	806	40	25 »	20,150 »
466	200	100	246,600	764	»	60 »	45.800 »	346	60	20 »	6,920 »
463	250	110	160,930	332	»	60 »	19,920 »	153	50	25 »	3,825 »
020	»	150	393,000	397	»	60 »	23,820 »	210	»	20 »	4,200 »
494	280	110	418,320	470	180	63 »	28,200 »	134	80	20 »	2,688 »
690	449	90	152,100	398	»	36 25	14,427 50	265	37	20 »	5,300 »
122	175	175	546,350	575	»	60 .	34,500 »	183	30	20 »	3,660 »
219	»	»	2,153,340	3,600	»	»	193,867 50	2,380	»	»	51,271
'Issoudun.											
870	180	120	104,400	185	»	50 »	9,250 »	170	22	18 »	3,060 »
030	140	97	105,730	227	»	50 »	11,350 »	280	23	23 »	6,486 »
799	137	115	321,885	717	50	52 5	37,284 »	1,534	30	18 50	28,379 »
995	140	85	169,575	534	»	50 »	26,700 »	330	22,5	18 »	5,940 »
754	.	»	701,590	1,663	»	»	»	2,314	»	»	43,865 »
e La Châtre.											
647	170	170	449,990	719	40	30 »	21,570 »	1,454	25	18 »	8,172 »
517	200	80	121,360	291	.	50 »	14,550 »	525	70	25 »	13,125 »
267	300	110	249,370	779	»	50 »	38,950 »	1,029	50	30 »	30,870 »
743	150	150	261,450	493	60	40 »	19,720 »	850	30	15 »	12,750 »
250	140	140	175,000	800	.	50 »	40,000 »	720	»	30 »	21,600 »
424	»	»	1,257,170	3,082	.	»	134,790 »	4,578	»	»	86,517 »
u Blanc.											
373	130	85	116,705	238	»	60 »	14,280 »	518	25	26 .	13,468 »
761	140	90	68,490	286	»	50 »	14,300 »	165	25	18 .	2,970 »
760	340	90	158,400	579	»	75 »	43,425 »	529	90	27 50	14,547 50
400	100	100	340,000	690	»	80 »	55,200 »	1,191	25	12 50	14,887 50
140	200	60	68,400	318	»	45 »	14,760 »	334	45	15 »	5,110 »
515	150	130	66,690	107	»	80 »	8,560 »	171	20	40 »	6,840 »
947	»	»	818,685	2,228	.	»	150,525 »	2,908	»	»	57,723 »
344	.	»	4,930,785	10,573	»	»	»	12,180	»	»	239,376 »

ESPÈC

NOMS des CANTONS.	BÉLIERS.				BREBIS.			
	NOMBRE des animaux.	POIDS MOYEN BRUT par tête.	PRIX MOYEN par tête.	VALEUR TOTALE.	NOMBRE des animaux.	POIDS MOYEN BRUT par tête.	PRIX MOYEN par tête.	VALEUR TOTALE.
Arrondissement		kilog.	fr. c.	fr.		kilog.	fr.	fr.
Ardentes.	299	»	15 »	4,485	7,560	»	8	60,48
Argenton.	107	»	12 »	1,284	7,035	»	6	42,21
Buzançais.	509	30	15 »	7,635	24,591	20	8	196,72
Châteauroux.	501	»	20 »	10,020	18,814	»	10	188,14
Châtillon-sur-Indre.	292	»	15 »	4,380	12,105	»	7	74,73
Écueillé.	224	30	18 »	4,032	15,535	18	5	78,67
Levroux.	896	»	17 25	15,456	34,587	»	8	276,69
Valençay.	415	»	12 »	4,956	21,648	»	6	130,12
	3,244	»	»	52,248	141,875	»	»	1,047,79
Arrondissement								
Issoudun (Nord).	960	»	25 »	24,000	24,579	»	8	196,63
Issoudun (Sud).	822	»	25 »	20,550	27,381	»	8	219,04
Saint-Christophe.	»	»	»	»	17,574	12,5	6	105,44
Vatan.	645	»	25 »	16,125	24,480	»	8	195,84
	2,427	»	»	60,675	94,014	»	»	716,96
Arrondissement								
Aigurande.	413	12	20 »	8,260	11,795	10	9	106,13
Éguzon.	119	»	10 »	1,190	9,393	»	5	46,96
La Châtre.	345	»	12 »	4,140	23,033	»	6	138,19
Neuvy-Saint-Sépulcre.	82	20	12 »	984	14,425	10	5	57,12
Sainte-Sévère.	»	»	»	»	17,500	»	6	105,00
	959	»	»	14,574	73,146	»	»	453,44
Arrondissement								
Bélâbre.	323	»	8 »	2,584	12,446	»	3	37,39
Le Blanc.	532	»	12 »	6,384	17,465	»	4	69,86
Mézières.	427	»	18 »	7,686	14,423	»	7	100,96
Saint-Benoist-du-Sault.	397	»	10 »	3,970	20,674	»	2	41,34
Saint-Gaultier.	142	»	15 »	2,130	11,160	»	7	78,12
Tournon-Saint-Martin.	322	20	25 »	8,050	8,573	14	10	85,73
	2,143	»	.	30,804	84,761	»	»	413,44
TOTAUX.	8,770	»	.	158,301	393,791	»	»	2,631,61

OVINE.

	MOUTONS.				AGNEAUX ET AGNELLES.		
NOMBRE des animaux.	POIDS MOYEN brut par tête.	PRIX MOYEN par tête.	VALEUR TOTALE.	NOMBRE des animaux.	POIDS MOYEN brut par tête.	PRIX MOYEN par tête.	VALEUR TOTALE.
	kilog.	fr. c.	fr.		kilog.	fr. c.	fr. c.

de Châteauroux.

26,621	30	12 »	309,452	4,662	20 »	5 »	23,310 »
8,551	»	13 »	111,163	3,253	» »	4 »	13,012 »
25,141	25	11 »	276,551	1,034	» »	5 »	5,170 »
23,421	30	12 »	281,052	12,057	» »	5 »	60,285 »
2,685	»	10 »	26,850	3,469	13 »	4 »	13,876 »
7,152	25	11 »	78,672	259	12 »	4 »	1,036 »
16,660	16	11 »	183,260	12,557	» »	5 50	69,063 »
6,774	13	10 »	67,740	2,910	8 »	4 »	11,640 »
117,005	»	»	1,334,740	40,201	•	»	197,392 »

l'Issoudun.

12,922	20	13 »	167,986	18,090	» »	5 »	90,450 »
19,031	21	11 »	209,341	13,452	11 »	4 75	63,897 »
9,921	18	12 »	119,052	8,704	8 »	7 »	60,928 »
11,830	12	10 »	118,300	16,878	4	2 50	27,195 »
53,704	•	»	614,679	51,124	»	»	242,470 »

le La Châtre.

1,350	14	13 »	121,550	11,410	» »	7 »	79,870 »
6,410	18	8 »	51,280	3,136	12 »	5 »	15,680 »
16,485	28	12 »	197,820	13,465	10 »	5 50	74,057 50
10,415	12	8 »	83,320	5,365	3 »	1 50	8,047 50
4,000	»	12 »	48,000	8,300	» »	5 »	41,500 »
46,660	•	»	501,970	41,676	»	»	219,155 »

lu Blanc.

6,678	10	8 »	53,424	5,903	6 »	3 »	17,709 »
9,808	12	10 »	98,080	3,031	6 »	4 »	12,124 »
6,516	25	10 »	65,160	7,263	17 »	4 »	25,052 »
12,533	6	7 »	87,731	8,275	3 50	5 »	41,375 »
3,000	25	11 »	33,000	2,300	9 »	4 »	9,200 »
5,997	18	12 »	77,964	5,724	» »	5 »	28,620 »
44,532	»	•	415,359	32,496	»	»	134,080 »
261,901	»	»	2,866,748	165,497	»	»	793,097 50

ESPÈCE CAPRINE.

NOMS des CANTONS.	BOUCS.			CHÈVRES.			CHEVREAUX (mâles et femelles.)		
	NOMBRE des animaux.	PRIX MOYEN par tête.	VALEUR TOTALE.	NOMBRE des animaux.	PRIX MOYEN par tête.	VALEUR TOTALE.	NOMBRE des animaux.	PRIX MOYEN par tête.	VALEUR TOTALE.
Arrondissement									
Ardentes.	121	12 »	1,452 »	403	12 »	4,836 »	101	2 50	252 5
Argenton.	45	15 »	675 »	1,935	10 »	19,350 »	244	3 »	732
Buzançais.	21	20 »	420 »	1,019	10 »	10,190 »	»	» »	»
Châteauroux.	12	12 »	144 »	495	8 »	3,960 »	»	» »	»
Châtillon-sur-Indre.	10	20 »	200 »	697	10 »	6,970 »	40	3 »	120
Écueillé.	13	20 »	260 »	1,190	12 »	14,280 »	»	» »	»
Levroux.	19	17 »	323 »	925	12 50	11,562 »	105	6 »	630
Valençay.	22	12 »	264 »	1,406	15 »	21,090 »	86	3 »	258
	263	»	3,738 »	8,070	»	92,238 »	576	»	1,992 5
Arrondissement									
Issoudun (Nord).	»	»	»	556	10 »	5,560 »	48	3 »	144
Issoudun (Sud).	40	15 »	600 »	1,309	16 »	20,944 »	1,500	3 »	4,500
Saint-Christophe.	21	10 »	210 »	397	10 »	3,970 »	41	3 »	123
Vatan.	6	12 »	72 »						
	67	»	882 »	2,262	»	30,474 »	1,589	»	4,767
Arrondissement									
Aigurande.	26	10 •	260 »	1,842	6 »	11,052 »	»	»	»
Éguzon.	24	10 »	240 »	1,473	5 »	7,365 »	410	2 »	820
La Châtre.	81	8 »	648 »	2,321	10 »	23,210 »	573	2 50	1,432 5
Neuvy-Saint-Sépulchre.	34	6 »	204 »	1,505	4 »	6,020 »	»	»	»
Sainte-Sévère.	30	8 »	240 »	1,500	10 »	15,000 »	2,800	3	8,400
	195	»	1,592 »	8,641	»	62,647 »	3,783	»	10,652
Arrondissement									
Bélâbre.	27	7 »	189 »	1,473	5 »	7,365 »	63	1 50	94
Le Blanc.	34	12 »	408 »	1,669	8 »	13,352 »	1,703	2 50	4,257
Mézières.	25	15 »	375 »	1,141	15 »	17,135 »	203	2 75	558
Saint-Benoît-du-Sault.	38	10 »	380 »	1,800	8 »	14,400 »	60	3 »	180
Saint-Gaultier.	33	15 »	495 »	1,512	6 »	9,072 »	420	2 »	840
Tournon-Saint-Martin.	29	18 »	522 »	864	14 »	12,096 »	118	3 »	354
	186	»	2,369 »	8,459	»	73,420 »	2,567	»	6,284
TOTAUX.	711	»	8,581 »	27,432	»	258779 50	8,515	»	23,696

ESPÈCE PORCINE.

VERRATS.			TRUIES.			COCHONS.			COCHONNETS (mâles et femelles.)		
NOMBRE des animaux.	PRIX MOYEN par tête.	VALEUR TOTALE.	NOMBRE des animaux.	PRIX MOYEN par tête.	VALEUR TOTALE.	NOMBRE des animaux.	PRIX MOYEN par tête.	VALEUR TOTALE.	NOMBRE des animaux.	PRIX MOYEN par tête.	VALEUR TOTALE.

de Châteauroux.

26	24 »	624 »	191	24 »	4,584 »	1,928	16 »	14,848 »	1,266	8 »	10,128 »
47	25 »	1,175 »	570	60 »	34,200 »	1,580	55 »	86,900 »	1,241	12 »	14,892 »
27	50 »	1,350 »	185	50 »	9,250 »	1,177	45 »	52,965 »	480	8 »	3,840 »
22	30 »	660 »	201	36 »	7,236 »	1,831	20 »	36,620 »	206	3 »	618 »
14	35 »	490 »	450	30 »	13,500 »	493	20 »	9,860 »	777	4 »	2,108 »
9	40 »	360 »	200	40 »	8,000 »	545	20 »	10,900 »	»	»	»
14	43 75	612 50	89	30 50	2,714 50	467	31 25	14,593 75	272	6 »	1,622 »
4	40 »	160 »	45	70 »	3,150 »	770	30 »	23,100 »	165	8 »	1,320 »
163	»	5,431 50	1,931	»	82,634 50	8,791	»	249,786 75	4,407	»	34,528 »

d'Issoudun.

13	32 50	422 50	34	44 50	1,513 »	»	»	»	167	8 »	1,336 »
30	32 50	975 »	148	36 »	5,228 »	469	36 25	17,001 25	321	8 »	2,568 »
26	35 »	910 »	314	35 »	10,990 »	1,264	35 »	44,240 »	1,256	10 »	12,560 »
3	30 »	90 »	16	35 »	560 »	376	30 »	11,280 »	120	8 »	960 »
72	»	2,397 »	512	»	18,391 »	2,109	»	72,521 25	1,864	»	17,424 »

de La Châtre.

38	20 »	760 »	776	20 »	15,520 »	4,060	60 »	243,600 »	2,553	4 »	10,212 »
29	10 »	290 »	499	10 »	4,990 »	1,228	15 »	18,420 »	1,098	1 50	1,647 »
85	20 »	1,600 »	806	30 »	24,180 »	1,296	25 »	32,400 »	2,530	4 »	10,120 »
32	50 »	1,600 »	416	50 »	20,800 »	1,991	50 »	99,550 »	1,141	5 »	5,705 »
12	40 »	480 »	150	40 »	6,000 »	750	40 »	30,000 »	780	6 »	4,680 »
196	»	4,830 »	2,647	»	71,490 »	9,325	»	423,970 »	8,102	»	32,364 »

du Blanc.

16	23 »	368 »	1,692	23 »	39,016 »	2,330	25 »	58,250 »	957	2 »	1,914 »
58	25 »	1,450 »	708	42 »	29,736 »	2,400	42 »	100,800 »	1,900	4 »	7,600 »
28	45 »	1,260 »	423	35 »	14,805 »	896	35 »	31,360 »	1,700	c »	8,500 »
23	40 »	920 »	606	30 »	18,180 »	3,410	35 »	119,350 »	1,109	1 50	1,663 50
38	25 »	950 »	562	30 »	16,860 »	2,000	42 »	24,000 »	925	1 50	1,387 50
27	100 »	2,700 »	471	75 »	35,325 »	1,312	35 »	45,920 »	1,449	5 25	7,449 75
190	»	7,648 »	4,462	»	153,922 »	12,348	»	378,680 »	8,010	»	28,514 75
621	»	30,307 »	9,552	»	326,437 50	32,573	»	1,124,958 »	22,383	»	104830 75

Résumé du recensement des animaux

	ARRONDISSEMENT DE CHATEAUROUX.		ARRONDISSEMENT D'ISSOUDUN.		ARRONDISSEMENT DE LA CHATRE.	
	NOMBRE d'animaux.	VALEUR.	NOMBRE d'animaux.	VALEUR.	NOMBRE d'animaux.	VALEUR.
ESPÈCE		fr. c.		fr. c.		fr. c.
Chevaux entiers............	4,189	1,543,512 50	3,448	1,139,300 »	187	31,300 »
Chevaux hongres..........	540	92,890 »	68	20,400 »	800	106,880 »
Juments..................	2,741	618,545 »	1,380	348,450 »	1,432	234,240 »
Poulains et pouliches......	1,072	117,285 »	362	54,300 »	995	101,240 »
	8,542	2,372,232 50	5,258	1,562,550 »	3,414	473,660 »
ESPÈCE						
Taureaux et taurillons......	3,252	254,810 »	938	121,350 »	4,085	310,320 »
Bœufs....................	8,871	1,728,335 »	1,319	214,967 »	7,349	565,880 »
Vaches...................	15,219	2,153,340 »	6,754	701,590 »	9,424	257,170 »
Génisses.................	3,600	193,867 50	1,663	84,584 »	3,082	134,790 »
Veaux et velles...........	2,380	51,271 »	2,314	43,865 »	4,578	86,517 »
	33,322	4,381,623 50	12,988	1,166,356 50	28,518	354,677 »
ESPÈCE						
Béliers..................	3,241	52,248 »	2,427	60,675 »	959	14,574 »
Brebis..................	141,875	1,047,792 »	94,014	716,964 »	73,146	453,443 »
Moutons................	107,005	1,334,740 »	53,704	614,679 »	46,660	505,970 »
Agneaux et agnelles........	40,201	197,392 50	51,124	242,470 »	41,676	219,155 »
	302,322	2,632,172 50	201,269	1,634,788 »	162,441	1,193,142 »
ESPÈCE						
Boucs....................	263	3,738 »	67	882 »	195	1,592
Chèvres.................	8,070	92,238 50	2,262	30,474 »	8,641	62,647
Chevreaux, mâles et femelles..	576	1,992 50	1,589	4,767 »	3,783	10,652 5
	8,909	97,969 »	3,918	36,123 »	12,619	74,891 5
ESPÈCE						
Verrats..................	163	5,431 50	72	2,397 50	196	4,830
Truies.	1,931	82,634 50	512	18,391 »	2,647	71,490
Cochons.................	8,791	249,786 75	2,109	72,521 25	9,325	423,970
Cochonnets, mâles et femelles.	4,407	34,528 »	1,864	17,424 »	8,102	32,364
	15,392	372,380 75	4,557	110,733 75	20,270	532,654

domestiques dans le département de l'Indre.

ARRONDISSEMENT DU BLANC.

CHEVALINE. NOMBRE d'animaux	VALEUR.
CHEVALINE.	fr. c.
356	74,880 »
996	182,530 »
2,044	402,610 »
951	101,930 »
4,347	761,950 »
BOVINE.	
4,736	387,390 »
12,711	2,522,514 »
8,947	818,685 »
2,228	150,525 »
2,908	57,723 »
31,530	3,936,837 »
OVINE.	
2,143	30,804 »
84,761	413,417 »
44,532	415,459 »
32,496	134,080 »
163,932	993,660 »
CAPRINE.	
186	2,369 »
8,459	73,420 »
2,567	6,284 25
11,212	82,093 25
PORCINE.	
190	7,648 »
4,462	153,922 »
12,348	378,680 »
8,018	28,514 75
25,018	568,764 75

TOTALISATION DES ANIMAUX PAR ARRONDISSEMENTS.

NOMS DES ARRONDISSEMENTS.	NOMBRE D'ANIMAUX DE L'ESPÈCE CHEVALINE.	VALEUR.
		fr. c.
Châteauroux	8,542	2,372,232 50
Issoudun	5,258	1,562,450 »
La Châtre	3,414	473,660 »
Le Blanc	4,347	761,950 »
	20,561	5,170,292 50

NOMS DES ARRONDISSEMENTS.	NOMBRE D'ANIMAUX DE L'ESPÈCE BOVINE.	VALEUR.
Châteauroux	33,322	4,381,623 50
Issoudun	12,988	1,166,356 50
La Châtre	28,518	3,354,677 »
Le Blanc	31,530	3,936,837 »
	106,358	12,839,494 »

NOMS DES ARRONDISSEMENTS.	NOMBRE D'ANIMAUX DE L'ESPÈCE OVINE.	VALEUR.
Châteauroux	302,322	2,632,172 50
Issoudun	201,269	1,634,788 »
La Châtre	162,441	1,193,142 »
Le Blanc	163,932	993,660 »
	829,964	6,453,762 50

NOMS DES ARRONDISSEMENTS.	NOMBRE D'ANIMAUX DE L'ESPÈCE CAPRINE.	VALEUR.
Châteauroux	8,909	97,969 »
Issoudun	3,918	36,123 »
La Châtre	12,619	74,891 50
Le Blanc	11,211	82,093 25
	36,658	290,076 75

NOMS DES ARRONDISSEMENTS.	NOMBRE D'ANIMAUX DE L'ESPÈCE PORCINE.	VALEUR.
Châteauroux	15,392	372,380 75
Issoudun	4,557	110,733 75
La Châtre	20,270	53,654 »
Le Blanc	57,018	568,764 75
	65,237	1,105,533 25

Généralité des animaux domestiques dans l'Indre, convertis en têtes de gros bétail.

Race chevaline.

Chevaux entiers......... 8,180.
Chevaux hongres........ 2,444.
Juments............... 7,597. } 18,221.
Poulains, 5,380 pour mémoire.

Race bovine.

Taureaux et taurillons.... 13,011.
Bœufs................. 30,250.
Vaches............... 40,344. } 88,891.
Génisses, 10,573, 2 p. une
tête................... 5,286.
Veaux, 12,180 pour mémoire.

Race ovine.

10 pour une tête.

Béliers................ 8,870.
Brebis........ ....393,796. } 65,447.
Moutons..............251,911.
Agneaux, 165,497 pour mémoire.

Race caprine.

10 pour une tête.

Boucs................ 711.
Chèvres............... 27,432. } 2,814.
Chevreaux, 8,516 pour mémoire.

Race porcine.

8 pour une tête.

Verrats................ 621.
Truies................ 9.552. } 5,343.
Cochons.............. 32,573.
Cochonnets, 2,239 pour mémoire.

180,716.

Les mulets et ânes n'étant presque jamais à l'écurie, ne produisent pas de fumier appréciable.

Il résulte de ce qui précède que le département de l'Indre, qui possède en terres arables 464,693 hectares, dont 373,059 hectares cultivés annuellement, à la charrue, et 91,634 hectares en prés et herbages, manque des bestiaux nécessaires pour féconder ses cultures. En effet, j'ai dit ailleurs qu'il faut une tête de gros bétail ou son équivalent pour fumer deux hectares de terre ou un hectare pour deux années. Or, les terres ouvertes étant de 373,000 hectares, c'est 186,000 têtes de gros bétail ou leur équivalent qu'il faudrait pour remplir cette condition. Il n'en possède que 180,000, c'est donc un déficit de 6,000 têtes de gros bétail qu'il éprouve de ce côté seulement. Si l'on voulait ensuite donner aux prés et herbages les engrais qu'ils réclament aussi, pour être aptes à produire de meilleures récoltes, ce serait encore, en comptant une tête de gros bétail pour quatre hectares seulement de prés, une augmentation de 22,500 têtes de gros bétail à ajouter aux 6,000 têtes déjà manquant, soit en totalité 28,500 têtes.

Que sera-ce donc, lorsqu'on aura entrepris le défrichement des bonnes terres comprises dans les 73,000 hectares de terrains incultes et couverts de brandes que renferme le département, et que l'on aura desséché, pour les rendre aussi à la culture, une partie des 9,000 hectares d'étangs dont les émanations putrides altèrent la santé des malheureux habitants de ces contrées ?

Espérons tous que, lorsqu'on sera dans cette voie de progrès, les moyens d'y persister et d'arriver au but se présenteront naturellement ; espérons surtout que les efforts des hommes intelligents et humanitaires de ce département amèneront bientôt ce résultat.

Je terminerai cet ouvrage par la statistique agricole de la France. On trouvera, dans ce travail, des renseignements que beaucoup d'hommes, même instruits, ignorent et qu'il me paraît utile de mettre sous les yeux de tous.

STATISTIQUE AGRICOLE

De la France.

La France a une population de 35,000,000 d'habitants. Celle des campagnes y est comprise pour 25,000,000 d'habitants. Son territoire a une étendue de 53,000,000 d'hectares ou 26,500 lieues carrées, moyennes.

Cette surface se divise, pour ses produits, comme il suit :

Céréales.

Froment..........................	5,586,787 hect.
Epeautre.........................	4,773
Méteil...........................	910,993
Seigle...........................	2,577,554
Maïs.............................	631,732
Orge.............................	1,188,189
Avoine...........................	3,000,634
Culture totale des céréales....	13,900,662

Il fallait, en 1788, 60 ares, et en 1813, encore 56 ares, cultivés en céréales, pour la nourriture d'un habitant. L'amélioration de la culture a réduit cette surface à 41 ares.

Cultures diverses.

Pommes de terre.....................	922,000 hect.
Légumes secs........................	297,000
Jardins potagers....................	360,696
Vignes..............................	1,972,340
Sarrasin............................	651,242
Châtaigneraies......................	445,686
Betteraves..........................	67,663
Colza, navette, œillette, madia, etc.....	173,506
Chanvre.............................	176,148
Lin.................................	98,241
Plantes tinctoriales et tabac (ce dernier pour 7,955 hectares)........................	250,000
Prairies artificielles..............	1,576,547
TOTAL............	6,991,069
Culture des céréales................	13,900,662
Total des terres cultivées annuellement.	20,891,731
Jachères............................	6,763,281
A reporter..............	27,655,012

Report..............	27,655,012 hect.
Pâtures, pâtis, communaux, landes et bruyères........................	9,191,077
Prairies naturelles......'.............	4,198,198
Vergers, pépinières, oseraies, aulnaies..	766,578
TOTAL...........	41,810,865
Bois et forêts.................... ..	8,804,551
Étendue du domaine agricole.....	50,615,416
Domaine public : villes, villages, routes, canaux, rivières et autres eaux courantes et dormantes..	2,534,551
Superficie totale de la France.....	53,149,967

Produit brut de toutes les cultures.

En 1788, le revenu du domaine agricole de la France était de..................	2,032,333,000 f.
En 1813, il était monté à.............	3,356,971,000
En 1850, il a atteint le chiffre de.......	6,002,169,000
C'est un accroissement, pour la période de 1788 à 1813, de....................	1,325,638,000
Et pour celle de 1813 à 1850, de........	2,665,198,000
Soit, pour le laps de temps de 72 ans, un bénéfice de....................	3,990,836,000

Voici quels sont, en matières et en argent, les produits du sol de la France.

Céréales.

	hectolitres.	prix moyen.		
Froment	69,694,189	à 15f.95 c. l'hectol.,ci.	1,102,768,057f.
Epeautre	53,701	— 15 00	—	806,723
Méteil..	11,829,448	— 12 20	—	144,170,351
Seigle..	27,811,700	— 10 65	—	296,292,740
Maïs....	7,620,264	— 9 60	—	71,796,084
Orge...	16,661,462	— 8 25	—	37,622,411
Avoine..	48,899,785	— 6 20	—	302,011,470
	182,570,549	hectolitres, valant....	2,055,467,836

Sur cette masse de 182 millions d'hectolitres de céréales de toute espèce, on trouve 117 millions d'hectolitres seulement, formant la part propre à la nourriture de l'homme ; le reste est pour les animaux élevés par lui, ou est employé diversement. De ce produit brut il faut retrancher 28 millions d'hectolitres pour la semence, dont 18 millions d'hectolitres sont enlevés à

l'alimentation de l'homme. Ce n'est plus que 99 millions d'hectolitres de disponibles pour ses besoins.

Ayant été admis qu'il faut, en moyenne, trois hectolitres de
grains pour la nourriture de chaque individu, la quantité ci-
dessus est insuffisante de 6 millions d'hectolitres. Mais d'autres
produits accessoires et qui sont entrés dans la nourriture habituelle des habitants de certaines contrées, viennent combler
ce déficit.

Produits alimentaires accessoires.

	hectolitres.	prix moyen.	
Pommes de terre..	96,233,000 à	2f.10 c.	202,105,866 f.
Sarrasin.........	8,469,788 —	7 25	61,388,641
Châtaignes.......	3,478,582 —	3 90	13,528,190
Légumes secs.....	3,461,000 —	15 05	53,008,000
	111,642,370 hect. valant		330,030,697

Cultures diverses.

	hectolitres.	prix moyen.	
Vins..............	36,783,000 à	11f.40 c.	441,398,000 f.
Eaux-de-vie.......	1,088,000 —	54 25	59,059,000
Bière............	3,885,000 —	14 93	58,036,000
Cidre............	10,881,000 —	10 00	84,422,000
Huile d'olive.......	167,000 —	120 50	22,776,000
Huile de navette et de colza, etc.......	2,280,000 —	1 85	51,127,000
Houblon..........	880,000 kil.	1 25	951,000
Chanvre, filasse....	67,507,000 —	90 00	86,287,000
Lin, id.....	36,875,000 —	115 00	57,507,000
Mûrier, cocons.....	11,500,000 —	4 00	42,000,000
Betteraves.........	15,741,000 q.m.	1 85	28,979,000
Tabac............	89,000 —	61 70	5,484,000
Garance..........	160,000 —	58 25	9,343,000
Pailles de toute esp...	226,708,000 —		681,767,000
Foin de prés natur...	105,203,888 —		462,598,000
Foin de prés artific...	47,256,112 —		203,771,775
Pépinières, vergers...	» » »		76,657,000
Fruits, légum. verts...	» » »		153,960,000
Jachères, herbes....	» » »		92,285,000
Pâtures, pâtis, etc...	» » »		91,910,000
Bois de construction et à brûler.........	37,570,000 stères		206,600,000
Produit des cultures diverses.........			2,923,117,775
Produit des céréales....			2,055,467,836
Produits alimentaires accessoires.......			330,030,697
Valeur totale des produits agricoles.....			5,308,616,308

Animaux domestiques.

La totalité des animaux domestiques se monte à 51,435,000 têtes qui sont évaluées 1,879,936,360 francs.
Voici les diverses espèces composant ce nombre :

		Nombre total.	Valeur en fr.
ESPÈCE BOVINE.	Taureaux.... 300,000 Bœufs...... 2,200,000 Vaches...... 5,500,000 Veaux, géniss. 2,000,000	9,899,000	876,245,753
ESPÈCE OVINE.	Béliers...... 595,000 Moutons.... 9,453,000 Brebis...... 14,864,000 Agneaux. ... 7,108,000	32,000,000	314,583,257
	Chevaux.............	2,800,000	417,834,283
	Mulets..............	373,000	64,204,246
	Anes......	413,000	16,217,371
	Chèvres.............	950,000	8,851,450
	Porcs..............	5,000,000	175,000,000
Total et valeur des animaux.		51,435,000	1,872,936,360

Il faudrait, pour que le sol arable atteignît le degré de production auquel son étendue et les besoins toujours croissants de la consommation exigeraient qu'il arrivât, que cette quantité de 51 millions d'animaux de toute espèce, qui ne représente que 24 millions de têtes de gros bétail, fut augmentée de moitié, c'est-à-dire qu'elle fut portée à 76 millions d'animaux de toute espèce, représentée par 21 millions de têtes de gros bétail. Alors il y aurait une tête de gros bétail, non pas pour les 42 millions d'hectares dont se compose le sol arable, mais pour la moitié de ce nombre seulement, puisqu'il ne faut qu'une tête de gros bétail pour fumer deux hectares de terre, ou mieux un hectare pour deux années, comme cela se pratique dans tous les assolements réguliers.

Produit des animaux.

Le revenu produit par tous les animaux domestiques est de 773,030,536 fr. Ce produit s'obtient de la manière suivante :

	Produit des animaux.	Revenu annuel.	Valeur totale.
ESPÈCE BOVINE	Taureaux 9,695,577 f. 24 f. 30 Bœufs... 62,376,699 31 80 Vaches.. 214,790,094 39 05 Veaux... 25,153,237 12 15		312,215,607 f.
	A reporter.............		312,215,607

	Report...............			312,215,607fr.

ESPÈCE OVINE.	Béliers. .	2,607,790	4 55		
	Moutons.	42,233,317	4 45	120,050,443	
	Brebis. .	59,925,119	4 05		
	Agneaux.	15,284,217	2 10		
ESPÈCE CHEVA-LINE.	Chevaux.	120,852,951	95 05		
	Juments.	91,582,056	76 70	221,095,036	
	Poulains.	8,659,029	24 55		
ESPÈCE MULASSIÈRE. ...	» » »	56 85	21,205,050		
— ASINE.........	» » »	18 80	7,764,400		
— CAPRINE......	» » »	6 00	5,700,000		
— PORCINE......	» » »	17 00	85,000,000		
				773,030,536	

A ce produit il faut ajouter celui des abeilles qui est de 1,609,000 ruches produisant chacune, en moyenne, 4 kilog. 36 grammes de miel à 1 fr. 64 c., 913 grammes de cire à 2 fr. 37 c.

Ce qui donne, pour la totalité, les résultats suivants :

Miel. .	7,023,268 kil. valant	11,522,732fr.		15,000,038	
Cire. .	1,467,516 —	3,477,306			

Total du produit des animaux..	788,030,574

Bestiaux abattus.

Sur 48 millions d'animaux (chevaux, ânes et mulets exceptés) élevés par l'agriculture, chaque année, on en abat 13 millions et demi.

En voici le dénombrement :

ANIMAUX ABATTUS.	POIDS brut moyen.	ISSUES et ABATS.		POIDS NET moyen.
	kil.	kil.		kil. net.
Bœufs.... 492,905.	413.	165	248 kil. soit	122,240,440
Vaches... 718,956.	240.	96 40 p. 0/0	144 —	103,529,664
Veaux.... 2,487,362.	48.	19	29 —	72,133,498
Moutons.. 3,432,166.	28.	11	17 —	58,346,822
Brebis.... 1,337,132.	20.	8 40 p. 0/0	12 —	26,742,640
Agneaux.. 1,035,188.	10.	4	6 —	6,211,128
Porcs.... 3,957,407.	91.	18 25 p. 0/0	73 —	288,890,711
Chèvres.. 157,416.	22.	10 47 p. 0/0	12 —	1,888,992
			Total......	679,983,895
Total.. 13,618,532.	Viande à la main introduite dans Paris			2,474,605
			Total.........	682,458,500

Valant 545,966,800 fr.; ce qui met le kilogramme à 80 cen-
times, et donne, en moyenne, 20 kilogrammes de viande par
habitant.

Il faudrait que cette quantité fut doublée pour donner à
chaque individu 40 kilog., qui ne seraient encore que la moitié
de la ration accordée au soldat.

Mais cette répartition est tout-à-fait fictive, car trois millions d'enfants mangent à peine de la viande, vingt-cinq millions d'habitants des campagnes ne mangent, pour ainsi dire,
que du porc et en petite quantité, deux millions de pauvres
n'en mangent pas du tout et un million de malades n'en font
temporairement aucun usage.

Ces éliminations quadruplent, au moins, la quantité moyenne
qui revient à chacune des personnes faisant de cet aliment un
usage habituel.

Paris entre, aujourd'hui, pour 1/10ᵉ dans la totalité de la
viande consommée en France, soit pour 68 millions de kilogrammes, évalués 54,596,680 fr., valeur du prix d'achat, et de
72 millions avec les frais accessoires.

Récapitulation des produits de l'agriculture, élevés au prix des marchés.

Revenu brut des cultures..	4,661,823,308 f.
— pâturages...............	646,793,000
— bois, forêts, vergers pépinières, etc.........	283,258,325
Revenu brut des animaux domestiques....	773,030,536
— animaux abattus........	682,458,500
— abeilles...............	15,000,000
Revenu brut du domaine agricole..........	7,062,363,669 f.
Son produit net n'est guère que de........	3,000,000,000
La valeur foncière du sol peut être évaluée à	90,000,000,000
Les hypothèques qui le grèvent sont de...	9,000,000,000
Soit le 1/10ᵉ du capital.	
Les impôts qu'il paie sont de..........	400,000,000
Soit environ 8 fr. par hectare, en moyenne.	
La richesse mobilière de la France est de...	30,000,000,000
Elle a en numéraire...............	3,000,000,000

FIN.

TABLE DES MATIÈRES.

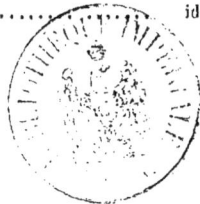

FIN DE LA TABLE.

www.ingramcontent.com/pod-product-compliance
Lightning Source LLC
Chambersburg PA
CBHW071857200326
41519CB00016B/4428